すごい股関節

柔らかさ・なめらかさ・
動かしやすさ
をつくる

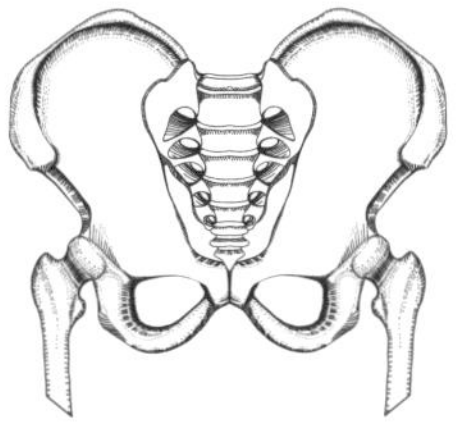

フィジカルトレーナー
中野ジェームズ修一

日経BP

はじめに
――股関節はなぜ、こんなにすごいのか？

イスから立ち上がった瞬間や、歩き始めたとき、あるいは、久しぶりに長い距離を歩いたときなどに、「股関節」にちょっとした違和感を覚えたことはないでしょうか？

「もう年だし、ちょっとくらい体に痛みがあっても仕方がない」とあきらめを感じている方もいれば、「放っておいたら、痛みがどんどん強くなっていくのではないか……」と不安に思う方もいるでしょう。

上半身と下半身をつなぐ要《かなめ》である股関節の動きが悪くなると、体がうまく曲がらなくなったり、下半身で踏ん張ることが難しくなったりします。すると、何でもない場所でふらついたりつまずいたりすることが増え、階段の上り下りや、歩行にも問題が起こります。

これは高齢者だけの話ではありません。例えば、日ごろから体を動かす習慣のある方や、強靭な体を誇るはずのアスリートたちにも股関節のトラブルは起こります。

ほとんどのスポーツでは下半身を使います。走る、ジャンプをする、飛び越える、踏ん張るといった動作をするとき、強いインパクトが股関節に加わります。その瞬間に違和感を覚えるようであれば、十分なパフォーマンスを発揮できません。それどころか、ケガの原因になる恐れもあります。

特に女性は、骨格の構造上、股関節に負担がかかりやすい。そのため、アスリートでも中高年でも、違和感に悩んでいる女性は非常に多いのです。

股関節は体のなかで最も大きな力が加わる関節です。立つ、座る、歩く、走るといった日常動作を支えており、運動をしなくても、とても大きな負荷が日々かかっています。

また、筋力の低下や肥満、運動による「使いすぎ」や、逆に長時間同じ姿勢で過ごすことによる「使わなさすぎ」によっても、違和感や不具合は起きてしまいます。

つまり、体のあらゆる動作や習慣が股関節に影響を与えているので、年齢を重ねれば重ねるほど、股関節に問題が起きるリスクは高まっていきます。

股関節の寿命（耐久年数）は70〜80年といわれていますが、50代や60代、なかには30代でも、股関節にトラブルを抱えている方は大勢いるのです。


人間は股関節から老いていく。そう言っても過言ではありません。

知れば知るほど魅力的な関節

一方で、股関節ほど「すごい」関節はないと私は思っています。

構造が複雑であり、関与する筋肉も多く、担う仕事もデカい。しかも、驚くほど緻密にできていて、機能的。知れば知るほど、人体の神秘と素晴らしさを感じさせる関節です。

どんな関節であるかを一言で説明するのは難しく、あえて言うならば「すごい」の一言になってしまうのです。

私が心の底から「股関節はすごい」と思えるのは、私がフィジカルトレーナーという仕事をしていることと関係しています。

フィジカルトレーナーとは、いわば「体を強くする専門家」です。

筋力トレーニングや有酸素運動、ストレッチなどを通じて、スポーツにおけるパフォーマンスアップや、ダイエット、ボディメイク、生活習慣病やケガの予防・改善を実現します。

股関節に問題があれば、アスリートのパフォーマンスはガクッと落ちます。高齢者は、立ったり歩いたりするだけで股関節に違和感があると、気分も落ち込んでしまいます。しかし、股関節の問題を取り除けば、アスリートの成績はグッと伸び、高齢者もはつらつと活動的になります。

その複雑さゆえに、どうすれば股関節の問題を取り除けるのかを考えるのは簡単ではありません。でも、トラブルが改善した方の笑顔を見ると、「やはり、股関節はすごい」と思わざるを得ないのです。

どんな競技でも、高齢者でも、鍵を握るのが股関節

私がフィジカルトレーナーになったのは30年以上前。その頃、日本ではフィジカルトレーナーという職業がまだなく、当時フィットネスの中心地といわれた米国カリフォルニア州で学んでトレーナーの資格を取得しました。

私が指導しているのは10代の学生から、ビジネスパーソン、高齢者までと幅広く、その目的もスポーツのパフォーマンス向上や、健康管理、ダイエットなどさまざま。クライアントの希望を叶えるために日夜活動をしております。

オリンピック選手をはじめ、数多くのアスリートのサポートもしています。競技としては、テニス、バドミントン、卓球、バスケットボール、陸上、スポーツクライミング、パラ卓球、パラ車いす陸上などさまざまです。

また、本の執筆や、雑誌記事・テレビ番組の監修のほか、インタビューを受けたりもします。メディアを通じ、情報を発信することもフィジカルトレーナーとしての仕事の一環だと考えているのです。

私たちトレーナーは、解剖学や生理学などを基礎としたトレーニング理論に基づいて、1人ひとりの体や生活、そして目的に合った運動を「処方」します。どうすればもっといい動作ができるようになるか、トラブルを起こさないよう動けるか。そこを突き詰めていく面白さに魅了されています。

特に最近は、高齢者のトレーニング指導も精力的に行っています。人は90歳、100歳を超えても、ちゃんとトレーニングすれば、みるみる体が変化します。その姿を何度も目の当たりにすることで、とてもやりがいを感じているのです。

ゼロの状態から、プラスに持っていく

さて、私はよく「痛みを治す人」と思われがちですが、違います。

トレーナーの仕事は、大きく2つに分けられます。1つは「マイナスの状態をプラスにする」仕事。そしてもう1つは「ゼロの状態からプラスにする」仕事です。

痛みに対応するのは、「マイナスの状態をプラスにする」仕事。つまり、メディカルトレーナーのように、リハビリテーションに携わる人たちが行うものです。資格としては、理学療法士や作業療法士、柔道整復師、はり師、きゅう師、あんまマッサージ指圧師が該当します。

スポーツの現場でいうと、例えば「肩を痛めた」「靭帯を切った」選手に対し、監督やコーチ、医師などと連携しながら、応急処置を施したり、運動療法（リハビリ）などを用いたりして、復帰まで支えるのが「マイナスの状態をプラスにする」ことになります。

一方、私のようなフィジカルトレーナーは、「ゼロの状態からプラスにする」のが仕事です。その人に合った運動を処方し、筋力をつけたり心肺機能を向上させたりするのです。スポーツの現場では、体を強くすることでパフォーマンスを上げ、オリンピック選手ならメダルの獲得などの目標を達成するためにサポートします。

そして、私がこの仕事を行ううえで、股関節を改善する必要に迫られることがとても多いのです。つまり、「ゼロの状態からプラスにする」ためには、体の要である股関節がスムーズに機能することが重要である場合が多いというわけです。

トレーナーにとっても股関節は「難しい」

本書は、私がフィジカルトレーナーとして経験を積んできた今だからこそ書ける股関節の本だといえます。

フィジカルトレーナーといえども、股関節を改善するためにどのようなトレーニングを行えばいいのかを判断するためには、経験が必要です。股関節は関わる筋肉の数が多く、構造も複雑なので、経験の浅いトレーナーは「何から手を付ければいいのかわからない」と感じることもよくあります。

当たり前ですが、関節は直接見たり触れたりできません。特に股関節は、お尻や鼠《そ》径《けい》部の分厚い筋肉で覆われているので、細かい動きがとてもわかりにくい。そのため、股関節の動きが悪くなっているアスリートに、トレーナーが「大殿《だいでん》筋や大腿四頭《だいたいしとう》筋を鍛えたほうがよい」などとアドバイスするのはとても難しく、多くの経験が必要になるのです。

これが股関節ではなく「膝関節」ならどうでしょう。膝に違和感がある場合、トレーナーでなくても一般の方でもすぐできることがあります。ドラッグストアで買える「膝サポーター」をつけると、それだけで改善することも多いですし、膝ならテーピングすることもそれほど難しくはありません。しかし、股関節はそのような対処はできません。テーピングも一般の方には難しいでしょう。

膝に違和感がある方にどのようなトレーニングを行えばいいかをアドバイスすることも、それほど難しくありません。膝関節を支える筋肉は、股関節に比べるとずっと少ないからです。一方で股関節に関しては、「この筋トレやストレッチさえやればOK」と簡単に言うことはできません。場合によっては、その筋トレやストレッチが逆効果になってしまうこともあるのです。

ですから本書は、私がこれまで培ってきた経験をもとに、目に見えず、触れることもできない自分の股関節の状態を把握し、それを改善するための方法について記したものだといえます。

自分の股関節を知り、よくしていく

股関節の状態を把握し、改善する——。

そんなことは、専門家に任せておけばいい、と思うかもしれません。

確かに、パーソナルトレーニングに対応するジムに行って、経験のあるフィジカルトレーナーにお願いすれば、それは可能でしょう。

ですが、それだと私は「もったいない」と思うのです。

せっかく股関節という素晴らしい関節が自分に備わっているのですから、自分の股関節についてもっと深く知り、動かして改善してみてはどうでしょうか。

私はフィジカルトレーナーとして、「自分で自分の体をよくすることができる」という経験を、多くの人にしてもらいたいと考えています。

本書ではまず、股関節がどのような構造になっていて、どのように動くのか、どのような筋肉に支えられているのか、人間ならではの股関節の特徴は何か、といった基礎的なことを第1章で解説していきます。

そんな解剖学的な知識は必要ない、運動のやり方をすぐ教えてほしい、と思う方もいるかもしれません。しかし、自分の股関節の状態を把握するためには、結局のところ基礎的な知識も必要になります。股関節の状態は1人ひとり異なるため、「どの運動が必要か」も人によって異なり、それを判断するためには知識があったほうがいいのです。

ですからぜひ、股関節の構造のほか、痛みや違和感が生じるメカニズム（第2章）、股関節を機能的に使うとはどういうことか（第3章）などについても知っていただきたい。単なる「お勉強」にならないよう、私が長年の経験から培ったウンチクや裏話を交えながら、なるべく面白く読めるよう解説してみます。

逆に、自分は股関節について知的関心があるものの、運動のやり方には興味がないという方もいるかもしれません。そういう方でも満足できるよう、たくさんの知識とウンチクを本書では解説しています。ですが、運動のやり方には興味がないという方にもぜひ、本を読みながら体を動かしてみていただきたいと私は考えています。

本書では、「アセスメント」という言葉が頻繁に登場します。アセスメントとは、簡単な体操をやりながら、自分の体の状態をチェックするものです。股関節のアセスメントを行い、自分の股関節の状態を確認したら、次に股関節を改善する運動を実施します。その後、再びアセスメントを試してみると、本当に状態が改善していることが実感できるのです。

知識が自分の体の状態と結びつき、そして体の変化を実感する——こんなに知的興奮が得られる瞬間はないでしょう。

股関節の素晴らしさを語りつくしたい

股関節の状態を改善する運動については、第4章から解説しています。

第4章ではまず、股関節のバランスを整えます。股関節を支える筋肉のうち、硬くなっているところ、柔らかすぎるところがあると、股関節はうまく機能しません。筋肉ごとに問題がないかチェックし、改善していきます。

第5章では、主に動的ストレッチによって、股関節の可動域（関節が動く範囲）を適正な状態に持っていきます。股関節が可動する範囲が適正になれば、さまざまな日常動作がスムーズになり、スポーツでも正しい動きができるようになります。

第6章では、股関節を安定させる力をつくるトレーニングと、股関節を動かす力をつくるトレーニングを紹介します。この2種類のトレーニングで鍛えれば、股関節を使う動作が安定し、ふらついたり転んだりといったことが予防できるだけでなく、スポーツにおいてもパフォーマンスを発揮できるようになるはずです。

股関節のバランスを整え、可動域を適正な状態にし、力が発揮できるよう鍛える、という3ステップは、私自身がパーソナルトレーニングの現場で股関節を改善するために行っているプログラムと同じプロセスになっています。

運動のやり方については、それぞれイラストつきで詳しく解説するだけでなく、細かい動きを確認できるよう、動画も用意しています。QRコードからアクセスしてみてください。

本書で紹介するアセスメントや運動を実践していくと、10年後、20年後、30年後でも股関節を健康な状態に保つことにつながります。

人間には本来、「自己修復能力」が備わっています。私がお教えするアセスメントや運動は、その自己修復能力を呼び起こすものだといえます。つまり、自分の力で股関節の状態を改善し、今後の痛みや不具合を予防する手助けができるというわけです。

今、股関節に違和感があったり不安があったりする方も、それらを少しずつ解消していくためのヒントが本書で得られると思います。頭で理解するだけでなく、ぜひ実際に体を使いながら読んでください。

自分の股関節について知ることとは、自分の体を知ることとです。

また、股関節を知れば知るほど、人間の体の素晴らしさにも触れることができます。

この1冊を通じて、股関節のすごさ、面白さ、そして自分で自分の体を改善できる感動をぜひ味わってください。

正直、股関節については語りたいことがありすぎて、いくらページがあっても足りないくらいです。ですが、なんとかこの1冊で、語りつくしたいと思っています。

どうぞ、最後までお付き合いいただけますとうれしいです。

2024年9月

中野ジェームズ修一

すごい股関節

もくじ

第1章

第2章 股関節はなぜ、傷むのか

第3章

股関節を「うまく使えている」とはどういうことか

第5章 股関節の可動域を広げる……229

第6章 股関節を鍛える

図解 股関節を構成する骨

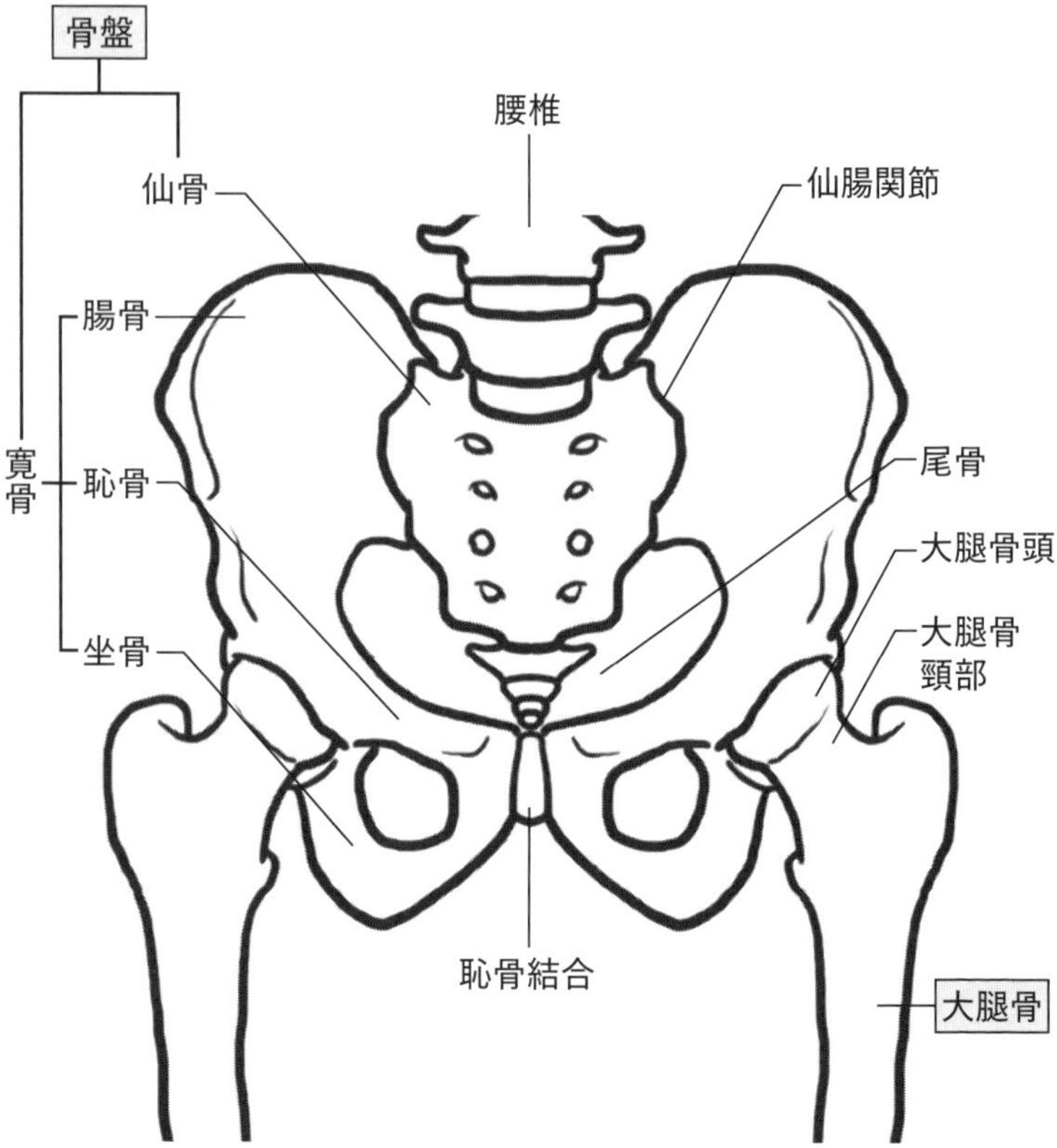

股関節は、骨盤と大腿骨をつなぐ関節です。骨盤は、寛骨、仙骨、尾骨などが集まった骨の集合体で、寛骨はさらに腸骨、恥骨、坐骨によって構成されています。大腿骨は、脚の付け根から膝まである太ももの骨で、一番上の丸い部分を骨頭、その根元部分を頸部といいます

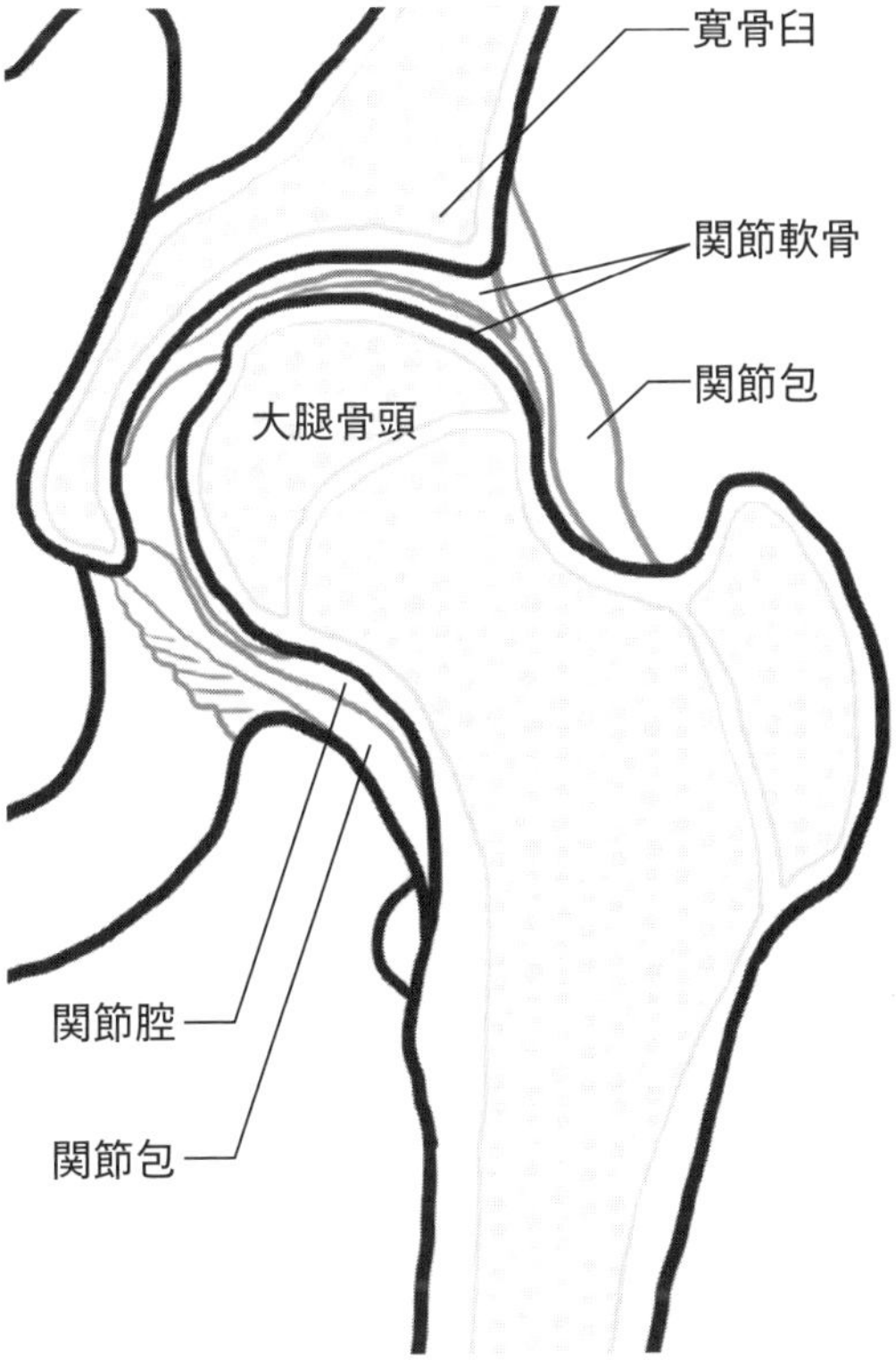

大腿骨頭は、寛骨臼というくぼみにはまる構造になっています。大腿骨頭と寛骨臼の表面は、骨が直接ぶつからないよう軟骨で覆われています。骨と骨の接合部分は関節包という膜で包まれ、その内部である関節腔は動きをなめらかにする滑液で満たされています

図解 股関節を支える23の筋肉

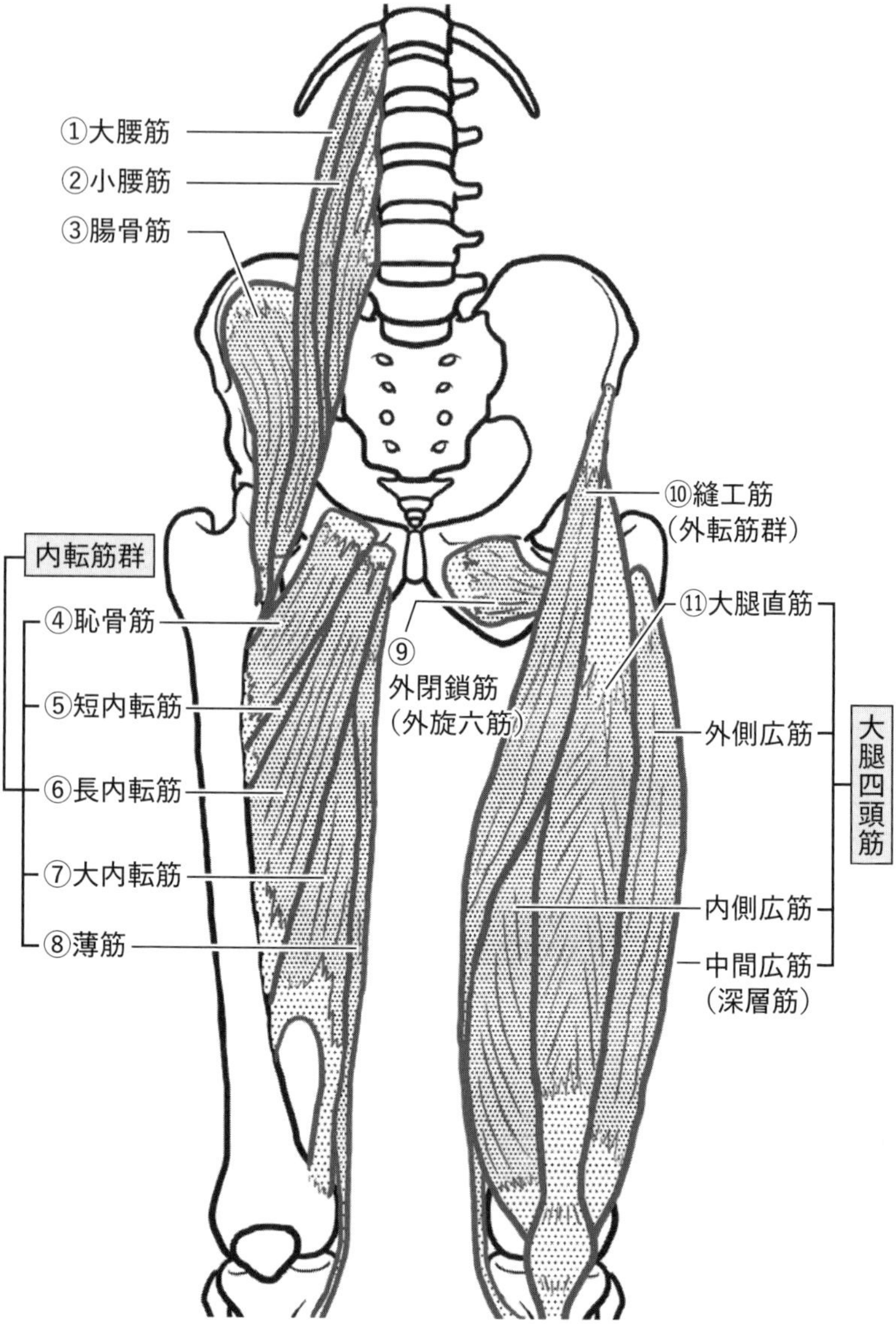

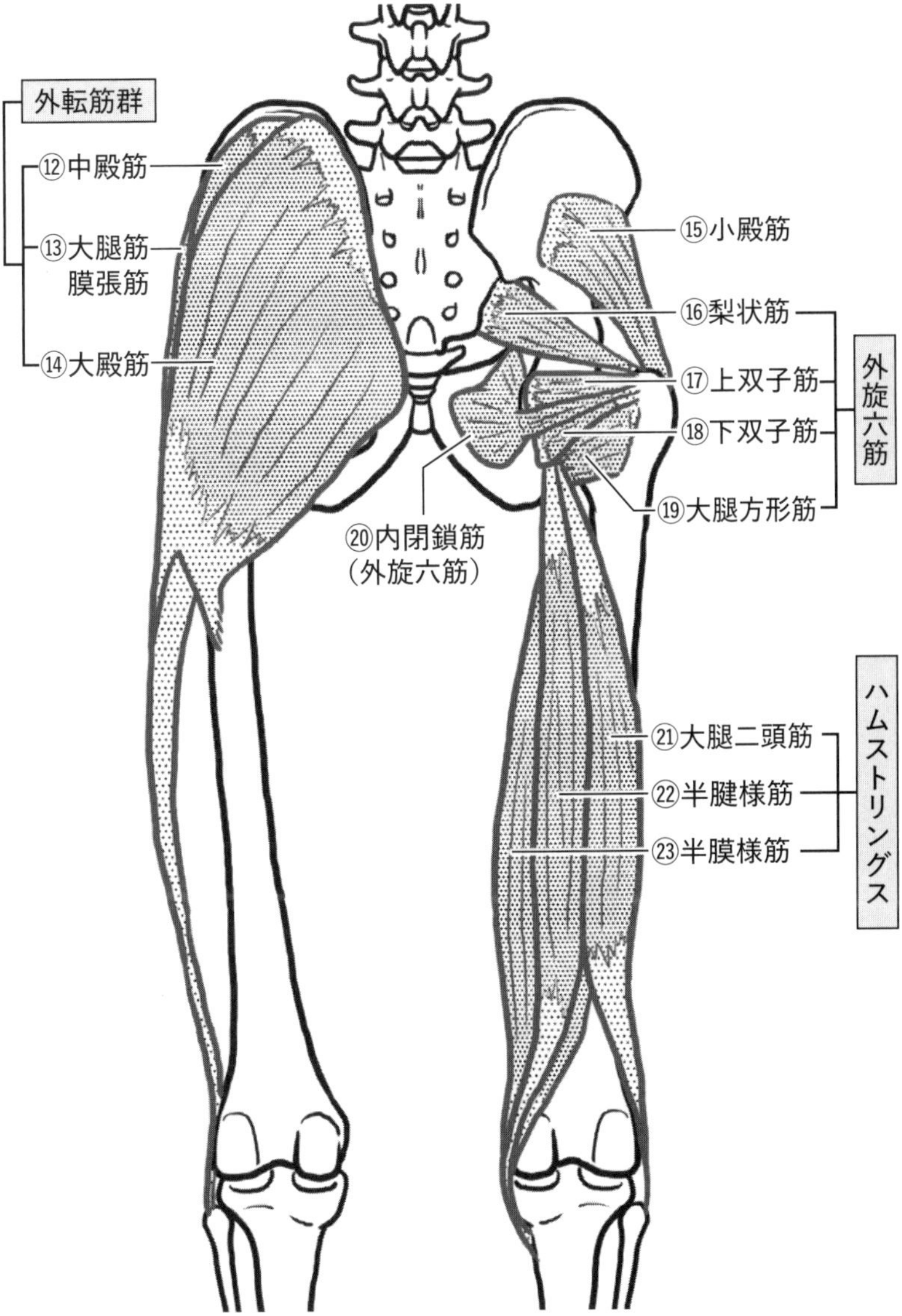
外転筋群
⑫中殿筋
⑬大腿筋膜張筋
⑭大殿筋
⑮小殿筋
⑯梨状筋
⑰上双子筋
⑱下双子筋
⑲大腿方形筋
外旋六筋
⑳内閉鎖筋（外旋六筋）
㉑大腿二頭筋
㉒半腱様筋
㉓半膜様筋
ハムストリングス

アセスメント 屈曲・伸展

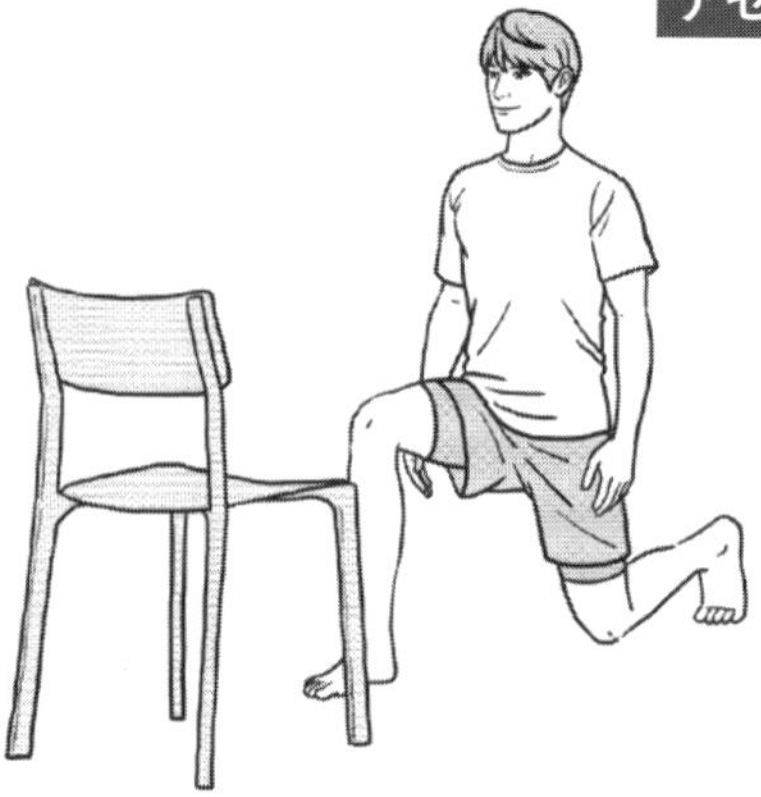

①イスの前に立ち、片足を大きく後ろに引き、膝を床につける。反対の膝を90°に曲げる

②一気に立ち上がるとともに、引いていた足をまっすぐ前に出す

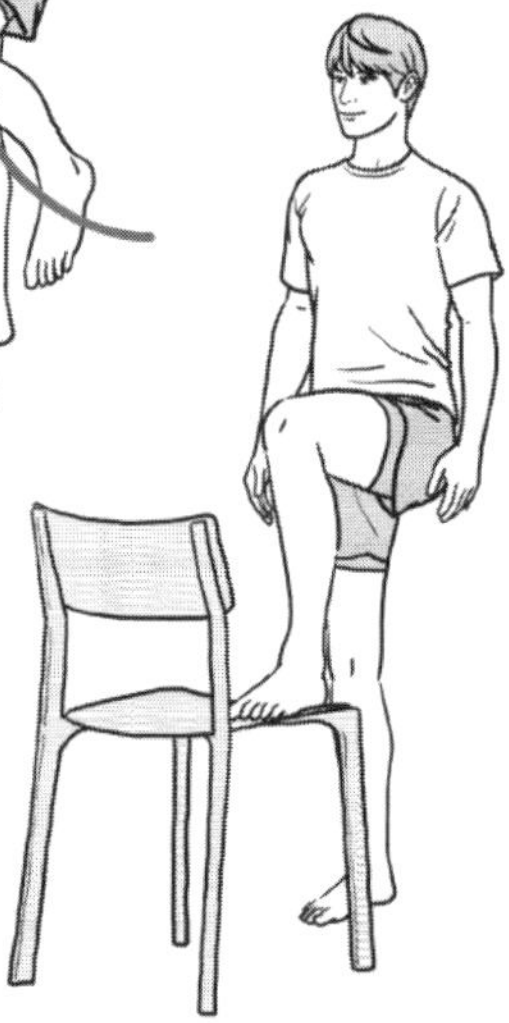

③イスの座面に片足をのせる。ここから①の状態に戻り、同じ動作を繰り返す

股関節の状態をアセスメント（評価）するために、屈曲・伸展の動作を確認します。グラグラせず続けて３～５回行うことができたら股関節の機能は正常だといえます。左右同様に行いましょう

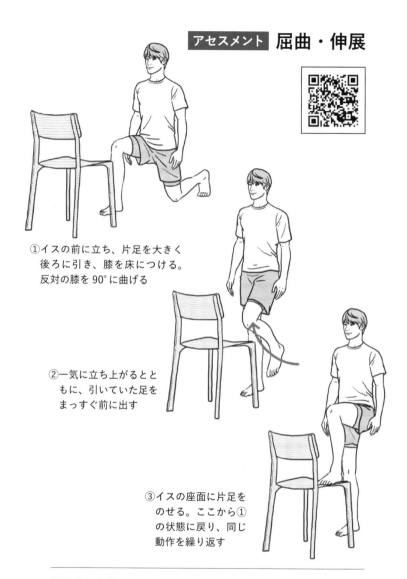

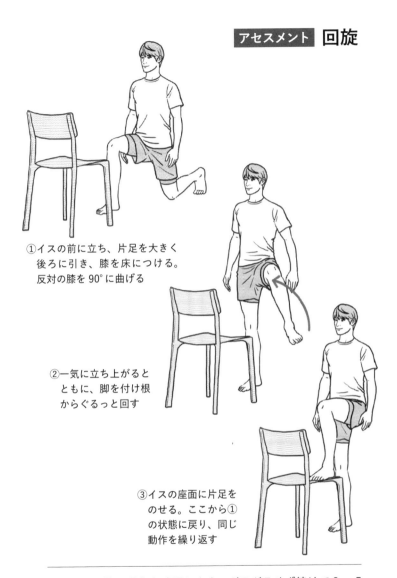

アセスメント 回旋

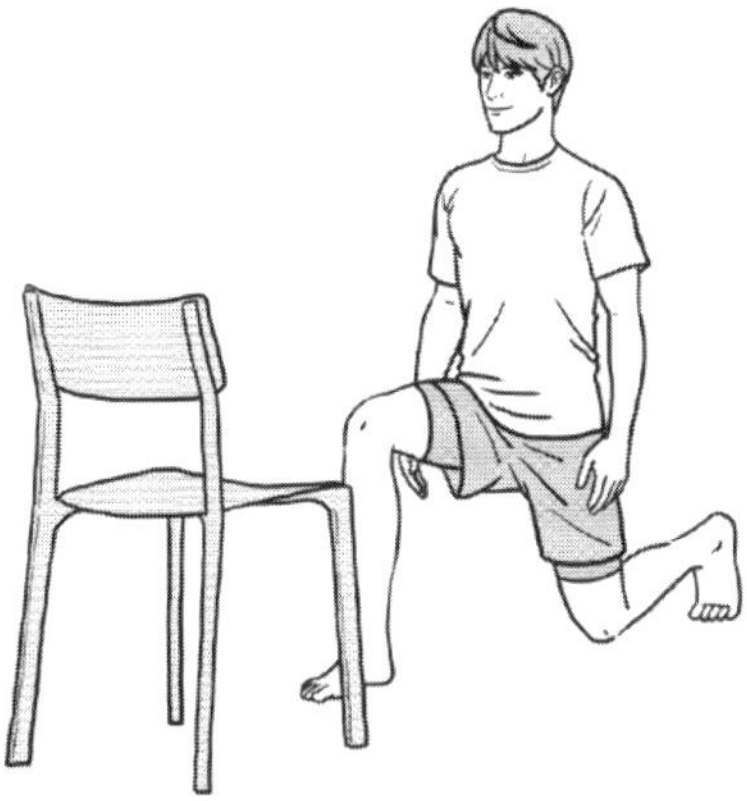

①イスの前に立ち、片足を大きく
後ろに引き、膝を床につける。
反対の膝を 90° に曲げる

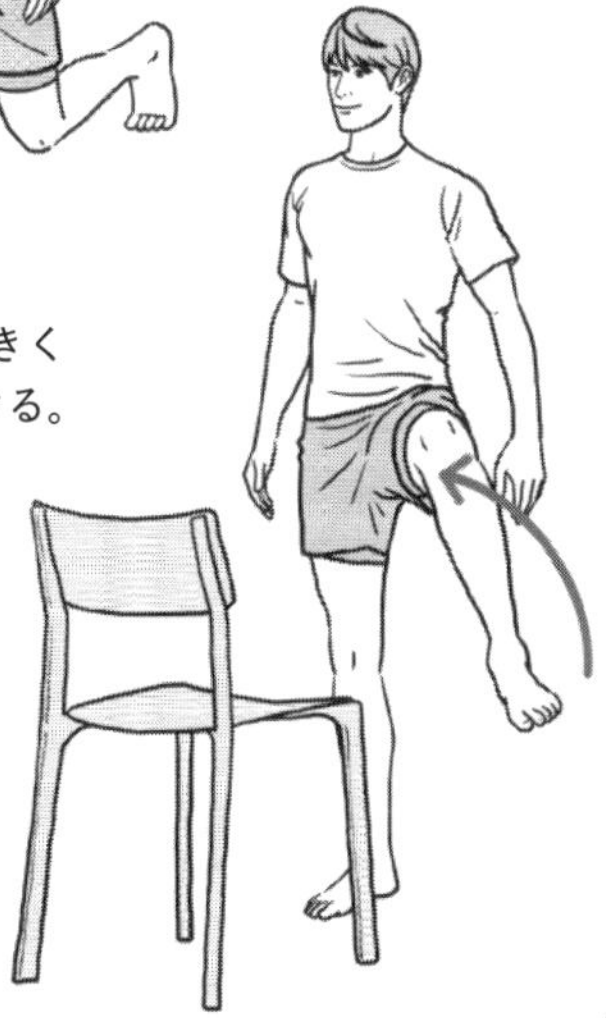

②一気に立ち上がると
ともに、脚を付け根
からぐるっと回す

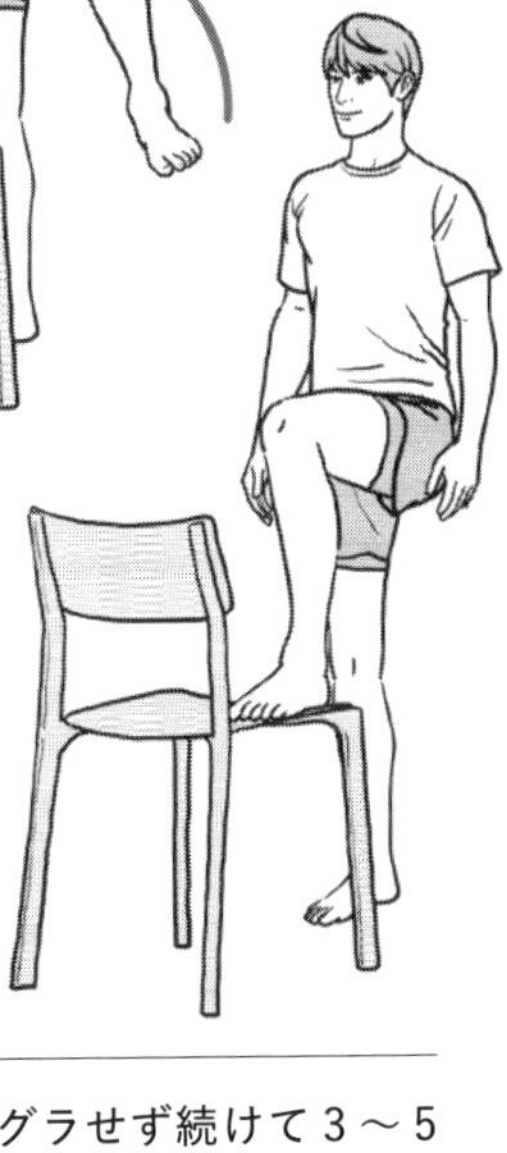

③イスの座面に片足を
のせる。ここから①
の状態に戻り、同じ
動作を繰り返す

股関節の回旋の動作を確認します。グラグラせず続けて 3 ～ 5 回行うことができたら股関節の機能は正常だといえます。左右同様に行いましょう

股関節が「今」痛い人へ

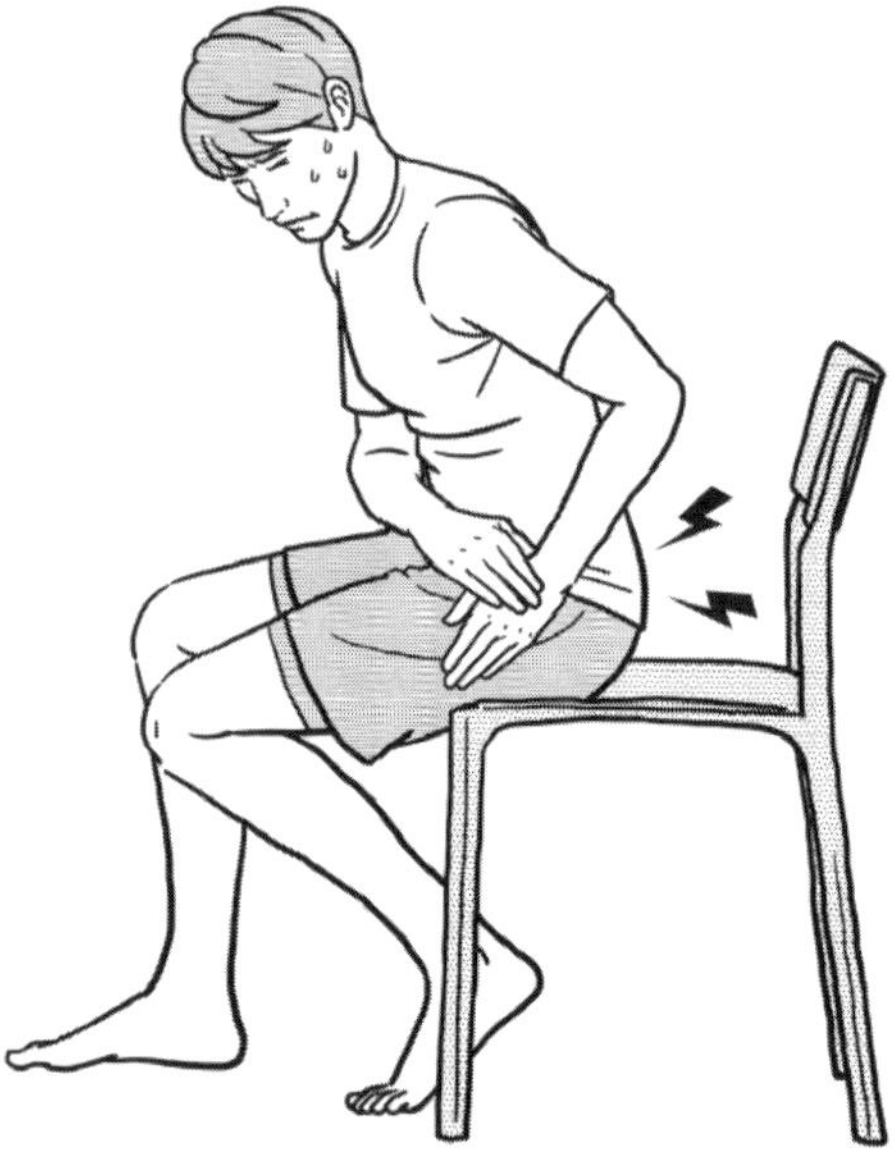

股関節が「今」痛くて、早く病院で検査を行いたいという方もいるでしょう。しかし、検査まで数週間待たねばならず、その間イスに座ってなるべく安静にしているものの、ますます痛みがひどくなる、という場合もあるかもしれません。

このようなとき試していただきたいのが、「ユラユラ体操」です。座りっぱなしでは股関節の同じ箇所に負荷がかかり続けてしまいます。立ち上がって股関節を適度に動かすことで、負荷を分散することができます。

イスに座って貧乏ゆすりをするのでもいいでしょう。試してみてください。

片手を壁につき、もう
片方の手を腰にそえ、
片足をつま先立ちにし
て、上体を左右にブラ
ブラと揺らす

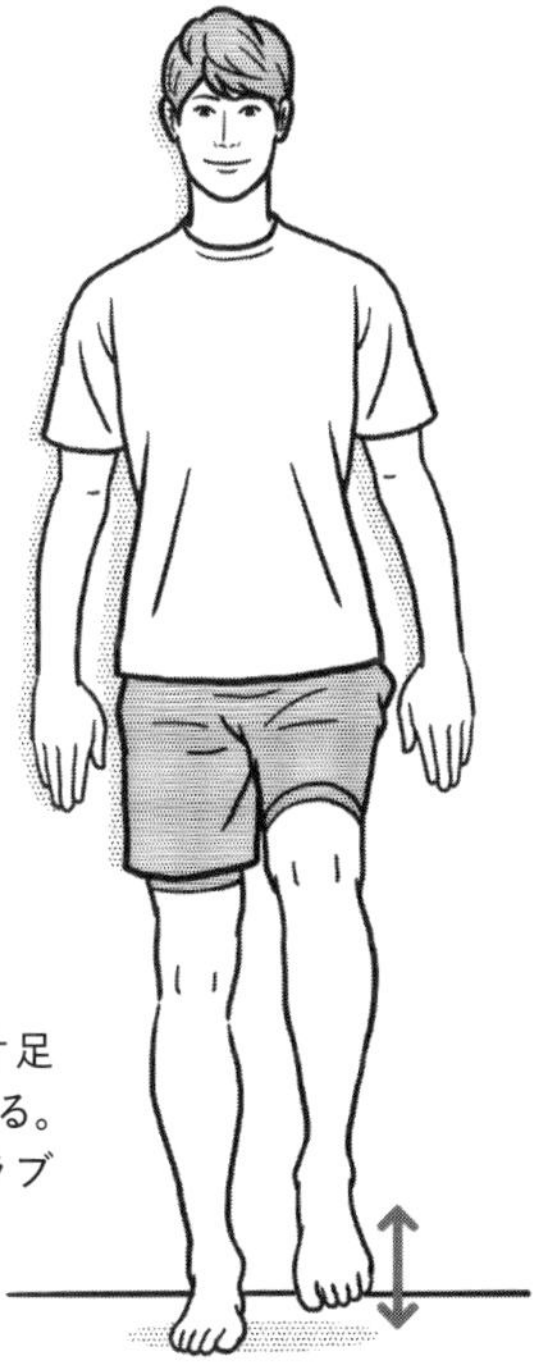

壁に寄りかかり、片足
を少し床から浮かせる。
その足を上下にブラブ
ラと揺らす

本書で紹介する運動の動画一覧

著者が実演する動画の一覧は
こちらから確認できます。

動画のラインナップ

1. アセスメント
2. 柔軟性チェック
3. モビライゼーション
4. ニークロスオーバー
5. インターナルローテーション
6. スタビリティトレーニング
7. レッグサークル
8. ニースタンドアップ
9. スプリットスタンドアップ
10. スライディングスタンドアップ
11. スライディングアブダクション

第1章

股関節はなぜ、こんなによく動くのか

大きな股関節が6方向に動く驚くべきしくみ

股関節の最大の特徴は、非常によく動くということです。

実に、6つもの方向に動きます。これらはそれぞれ、「屈曲」「伸展」「外転」「内転」「外旋」「内旋」という名前が付けられています。6つの方向に自在に動くことで、人間のさまざまな動作が可能になるのです。

股関節は、人間の体のなかで最大サイズを誇る関節です。骨盤と大腿骨という大きな骨をつないでいます（▼p・24参照）。

このような大きな骨同士がつながったうえで、6つの方向に自在に動くために、「球関節」という構造になっています。

大腿骨の一番上の「骨頭」という部分が丸い球状になっていて、それが骨盤の寛骨《かんこつ》のくぼみ（寛骨臼《きゅう》）にカポッとはまっているのです。

試しに脚の付け根から脚をグルグルと動かしてみてください。どうです？　球関節だということを実感できるかもしれません。

このような球関節の構造をしている関節といえば、「肩関節」が挙げられます。腕も付け根からグルグルと回せますよね。肩関節も股関節と同様に非常に可動域（動く範囲）が広く、自由に動かせる関節なのです。

また、ひじの関節の一部である「腕橈《とう》関節」も球関節です（ひじは実は、複数の関節が組み合わさってできています）。

可動域の「角度」は重要か？

屈曲、伸展、外転、内転、外旋、内旋の6方向の動きについて、可動域の「角度」というものがあります。それぞれの方向について、およそ何度まで動くというのが決まっているのです。次ページで示す角度は、日本整形外科学会が定めた基準値です。おおむねこの角度まで動けば正常だろうという目安になります。

図解 股関節の可動域

屈曲

太ももを上体に近づける動き。歩く、走る、座る、しゃがむなど日常で頻発する

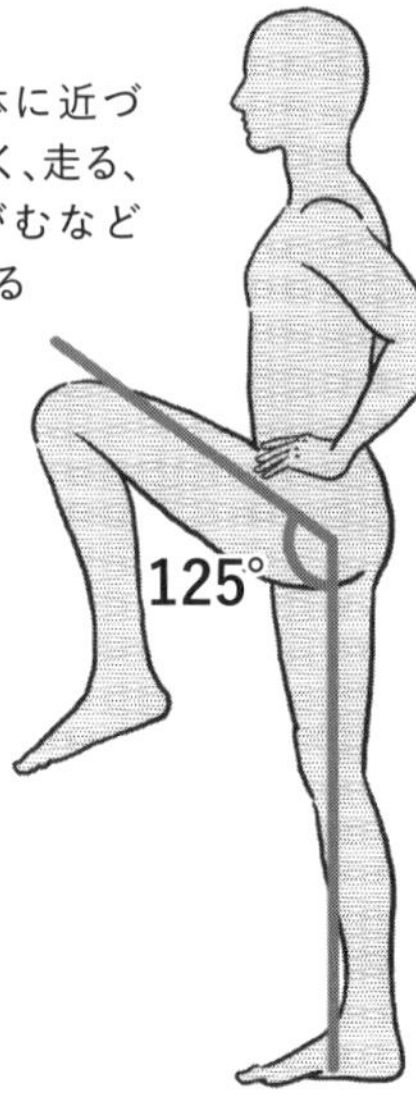

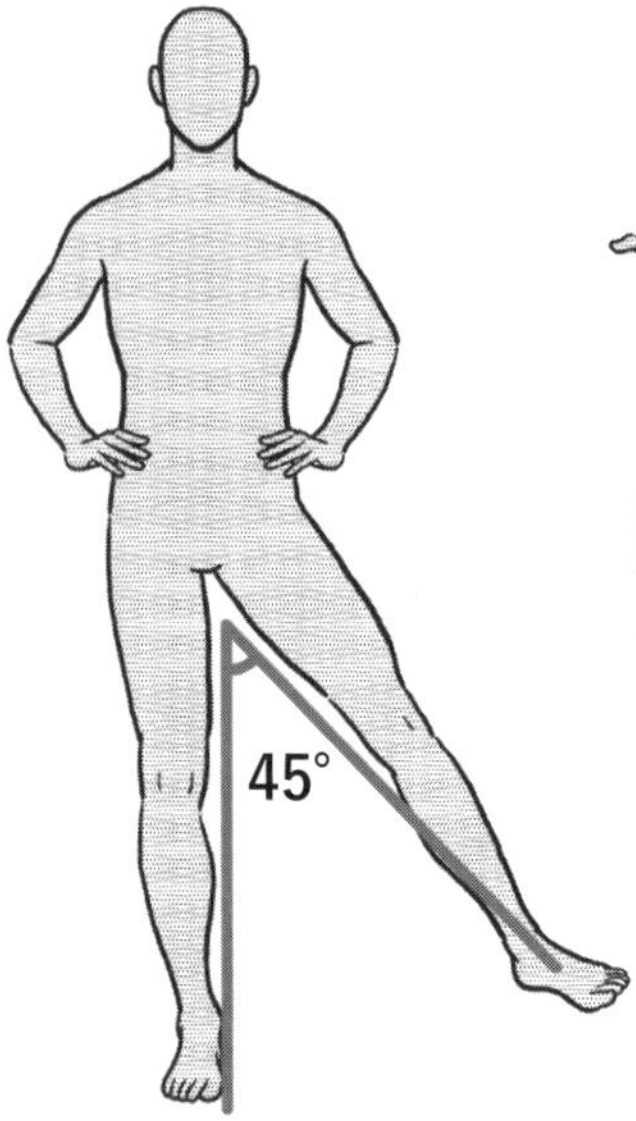

外転

脚を体の中心から外側に広げる動き。いわゆる開脚だが、両脚で90°開けば十分

伸展

脚を後方へ持っていく動き。立ち上がる、ジャンプ、大股で歩く、走る、脚を後ろに振り上げるなど

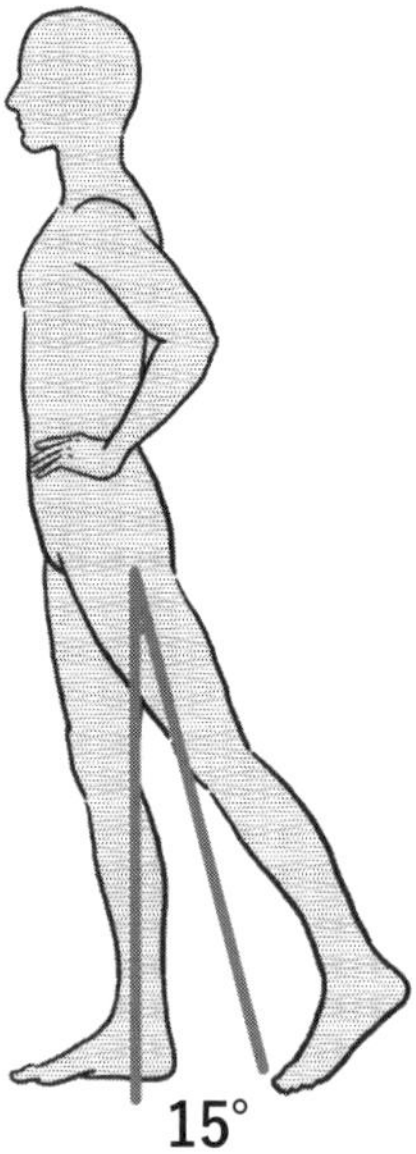

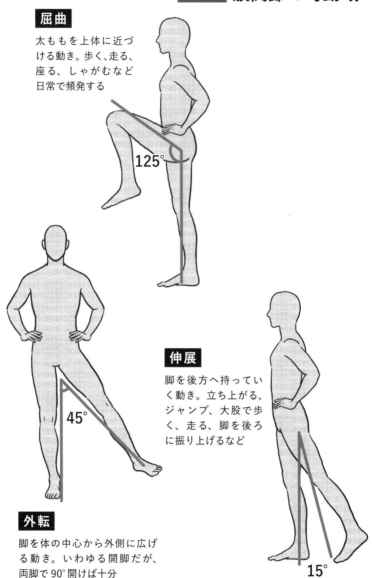

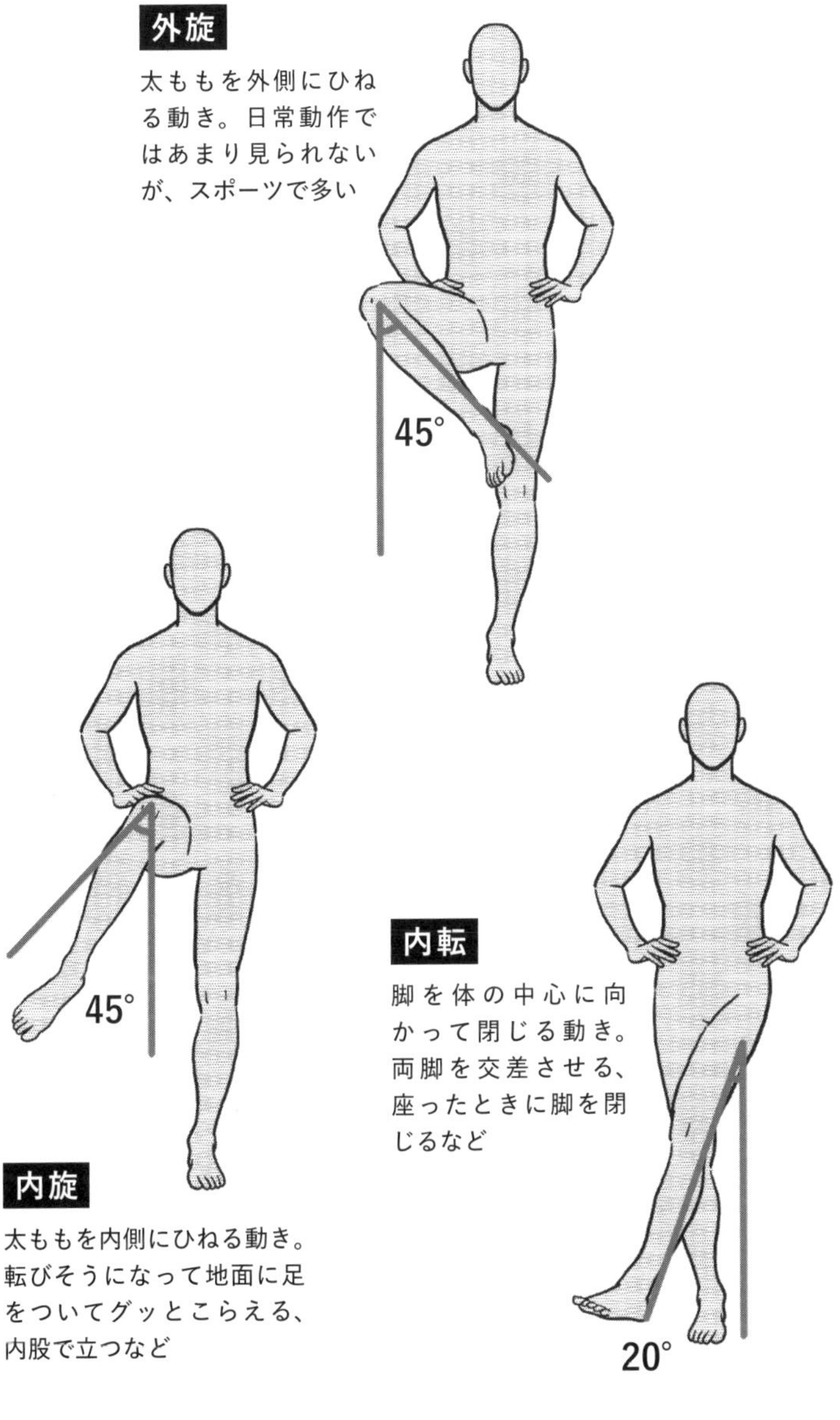
外旋
太ももを外側にひねる動き。日常動作ではあまり見られないが、スポーツで多い
45°
45°
内旋
太ももを内側にひねる動き。転びそうになって地面に足をついてグッとこらえる、内股で立つなど
内転
脚を体の中心に向かって閉じる動き。両脚を交差させる、座ったときに脚を閉じるなど
20°

どのように可動域の角度を測定するのかというと、例えばあお向けになって、膝を曲げて太ももを上体に近づけることで「屈曲」の角度を調べます。これが125度程度あれば、イスに座ったりしゃがんだり、階段を上ったり、バスに乗ったり、靴下を履いたり、足の指の爪を切ったりするのに問題ないだろうと考えるのです。

「伸展」は、うつ伏せで測定します。伸ばした脚を付け根から上に持ち上げてみてください。15度程度、上がるでしょうか。

私が米国でトレーニングを学んでいた30年ほど前は、この角度がとにかく重要だと考えられ、クライアントに横になってもらって分度器で測っていました。角度が不足していたら、ストレッチなどを行って可動域を広げようとしていたのです。

しかし、今ではこのような考え方はしません。人によって適正な可動域が異なるからです。その人の股関節が機能的な状態かどうかを評価するのに、角度を厳密に測定するようなことは必須ではなくなりました。

可動域が広ければ広いほどいいわけではない

もちろん、股関節の可動域が不十分なために、段差につまずいたり、しゃがめなかったりするのは困ります。ですが、可動域が広ければ広いほどいいというわけでもないのです。

例えば、バレエのダンサーや、体操選手などは、体が柔らかく、両脚を180度開脚することも可能です。これにあこがれて、「自分も180度開脚したい」と日々ストレッチする方もいるかもしれません。いわゆる開脚は、股関節の外転の動きです。しかし日本整形外科学会でも、外転の基準値は45度、つまり両脚の開脚でも90度開けばおおむね正常だと考えられています。

実は、関節の周囲にある筋肉というのは、柔らかすぎても問題なのです。筋肉の柔らかさのバランスが崩れると、かえって不具合が起きます。

また、なんとか柔らかくなろうと無理をして開脚を続けた結果、股関節を支える靱《じん》帯《たい》が伸びてしまい、危険な状態になってしまう恐れもあります。股関節がグニャグニャに曲がるようになってしまうと、体を支えにくくなります。果たして、適切な可動域とはどのようなものなのか。本書を通じて考えていきましょう。

股関節の機能を自分で評価する

自分の股関節が適切な状態なのかどうかは、どのように確認すればいいのでしょうか。可動域の角度がそれほど重要ではないのならば、何か別の基準で確認することはできないでしょうか。

私は、トレーニングの現場で、股関節の状態を確認するために、「アセスメント」（▼p・28参照）をやってもらっています。これは、股関節が「機能的に働くかどうか」を評価するためのもので、「屈曲・伸展」と「回旋」の2種類があります。

いずれもイスの前に立ち、片脚を後ろに引いてしゃがむところから始めます。屈曲・伸展のアセスメントでは、まず股関節がしっかり伸展できる柔軟性があるかどうか、そして、立ち上がるとともに屈曲させる最低限の筋力があるかどうか、などをチェックします。回旋のアセスメントでは、立ち上がるときに脚を付け根からぐるっと回します。回旋とは、内旋と外旋を合わせたものです。股関節を内旋・外旋させるのに問

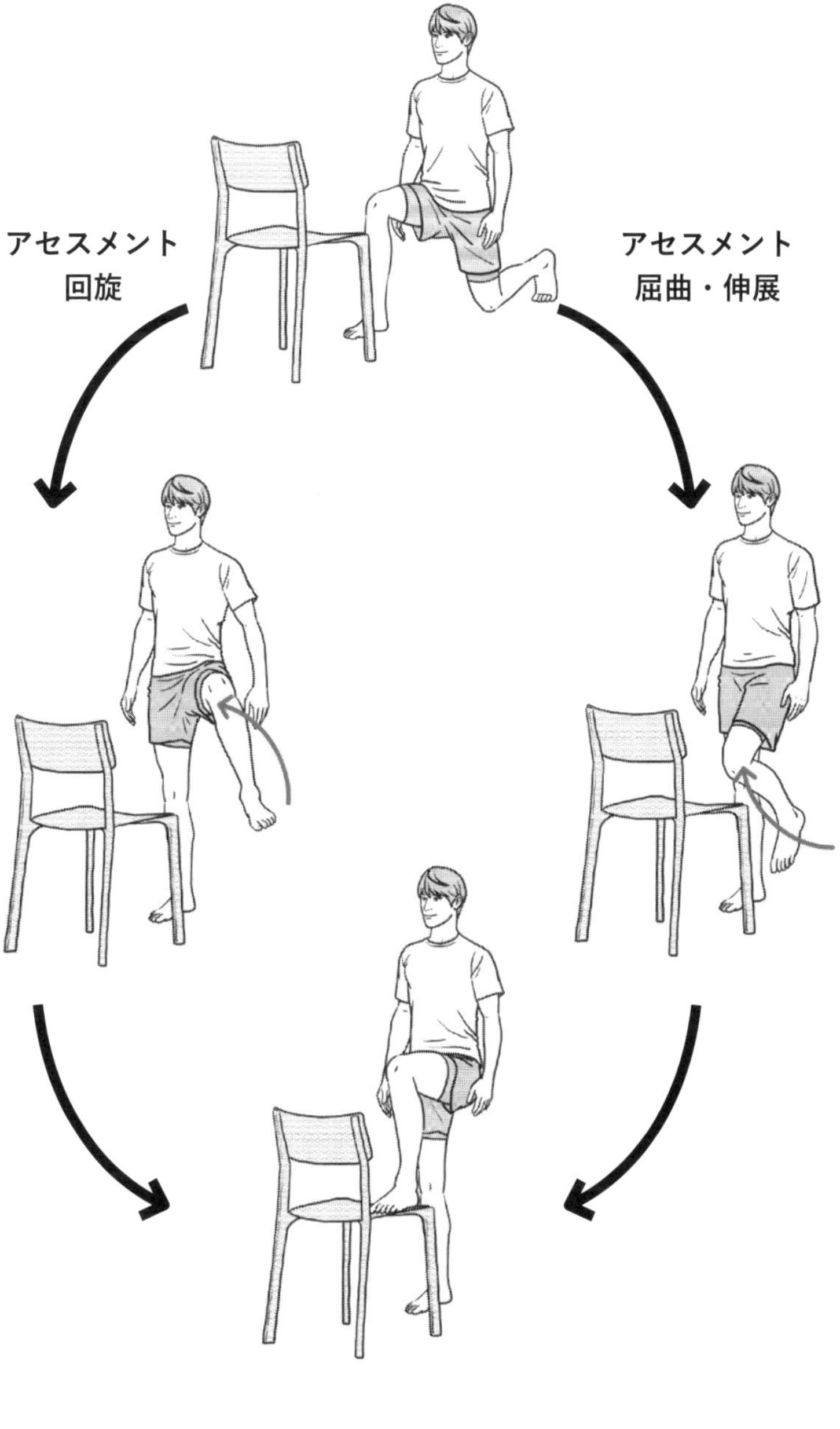
アセスメント
回旋
アセスメント
屈曲・伸展

題のない可動域と筋力、そして体を安定させるバランス力があるかどうかがわかります。

この2つのアセスメントについて、左右どちらの脚でもやってみてください。3回程度続けて問題なく行えたら、あなたの股関節は機能的に問題ないという目安になります。スポーツをやっている方なら、10回程度は続けてやりたいところですね。

もし、このアセスメントをやっている途中で、ふらついたり、違和感があったり、引っかかりを感じたりするなら、股関節に何らかの問題が生じているかもしれません。そのような場合は、本書の第4章以降で紹介している、股関節の状態を改善するプログラムに取り組んでみましょう。

私の考案したアセスメントのよいところは、何度でも手軽に試せるところです。股関節の状態を改善するプログラムに取り組みながら、その前後でアセスメントを行えば、股関節がだんだんとよくなっていくことを実感できるでしょう。

23もの筋肉が関与するのは何のため？

股関節は、上半身と下半身をつなぐ、文字通り人間の体にとって「要」となる関節です。そのため、多くの筋肉によって支えられています。

骨に沿って分布し、体の活動を支える筋肉のことを「骨格筋」といいます。一般的に、筋肉といえば骨格筋のことを指すことが多いでしょう。そして、骨格筋は、その両端が腱を介して骨に結合しています。

関節の周囲にあってその動きに関与する筋肉は、その関節を構成するそれぞれの骨に両端がつながっています。そのため、筋肉が伸び縮みすることで関節を動かすことができるのです。

ですので、股関節の周囲にある筋肉は、それぞれ骨盤（およびそれにつながる腰椎

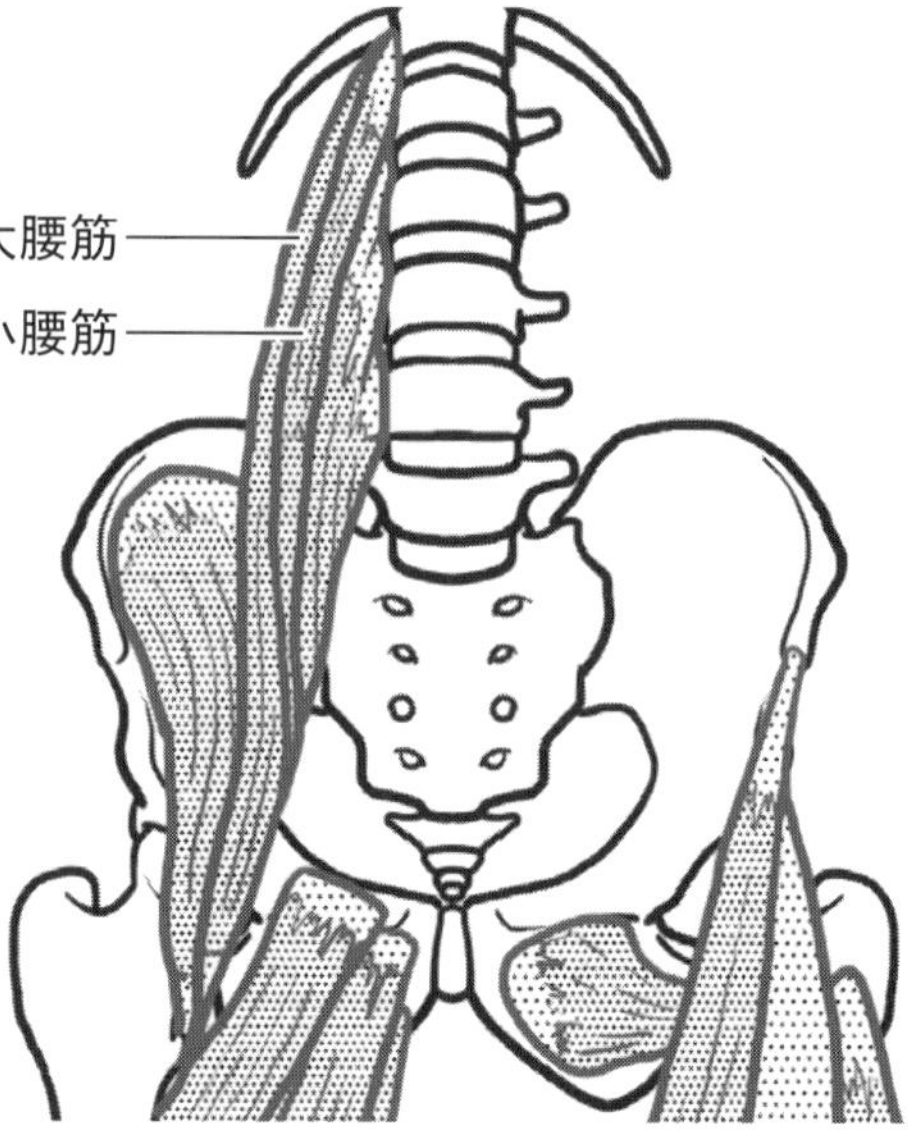

など）と、大腿骨（およびそれにつながる下肢の骨）とに結合しているのです。

股関節に関与している筋肉はとても多く、23もあるといわれています（▼p.26参照）。実はこの「23」という数字は、トレーナーなど専門家によって意見が分かれていて、もっと少ない数だと主張する人もいます。

筋肉の数で意見が分かれる

このように意見が分かれるのも面白いところなのですが、例えば「小腰《しょうよう》筋」は、「大腰《だいよう》筋」という大きな筋肉に埋もれるように存在して、あまり関与していないからカウントしない、という考え方もあります。

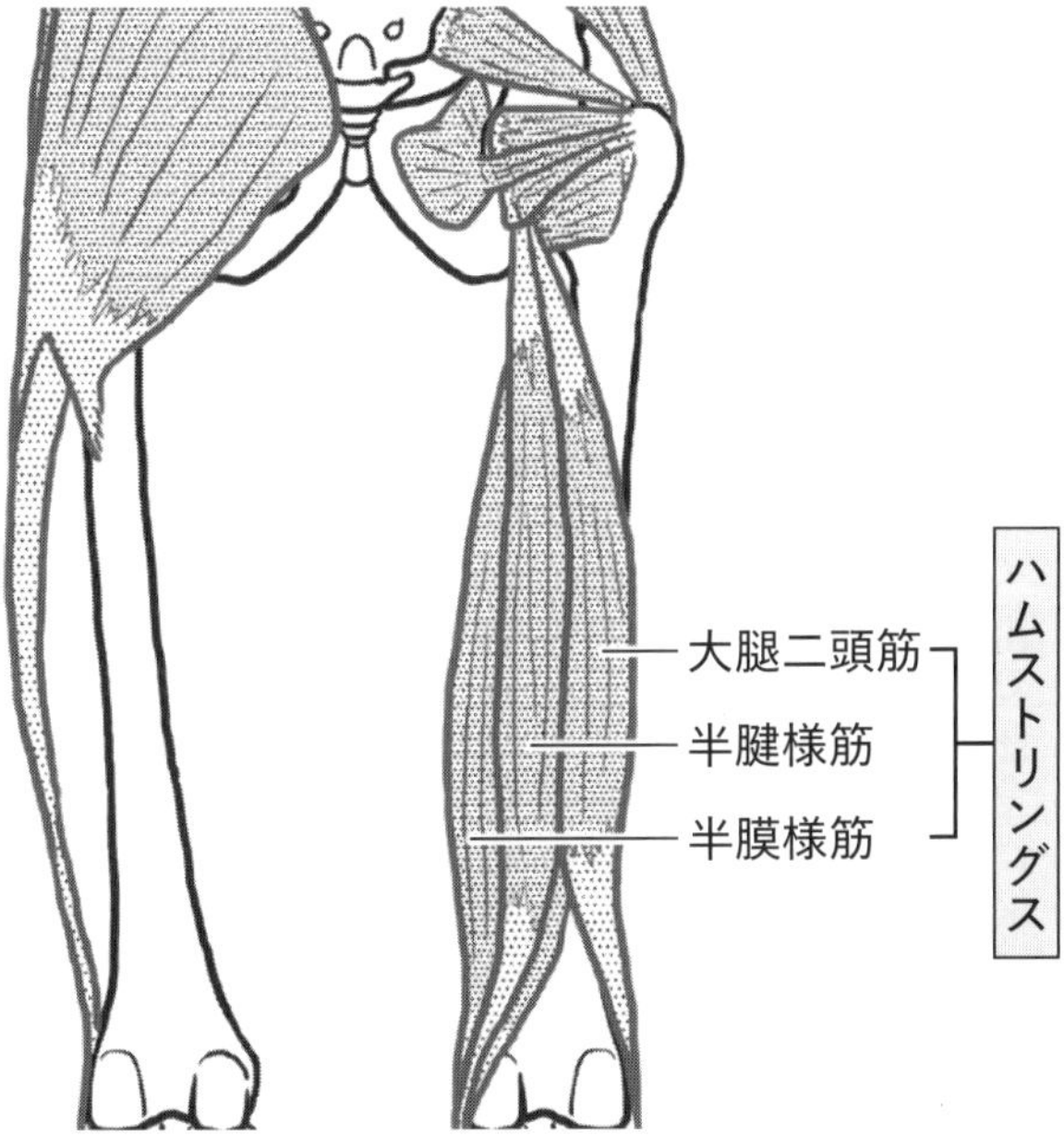

一方で、短内転筋、長内転筋、大内転筋などをまとめて「股関節内転筋群」と呼んだり、太ももの後ろ側にある大腿二頭筋、半腱様《はんけんよう》筋、半膜様《はんまくよう》筋をまとめて「ハムストリングス」と呼んだりします。つまり、複数の筋肉をまとめた名前があるのです。どの名前で呼ぶかによっても、数が変わってきますよね。

いずれにせよ、これだけ多くの筋肉が関与する関節は、人間の体に260近くあるといわれている関節（これも数え方によって諸説あります）のなかでも、股関節だけなのです。

「支持性」と「可動性」のどちらがメイン？

なぜこんなに多くの筋肉が股関節に関与する必要があるのか、ということについて考えてみたいと思います。

股関節には、「支持性」と「可動性」という大きく2つの作用があります。

支持性とはその名の通り、重力などにあらがって体を支え、さまざまな動きや体勢において体を固定し、保持することです。そして可動性とは、関節を動かして体を目的の位置へ運ぶことなどを指します。

いったい股関節は、支持性のための関節なのか、可動性のための関節なのか、どちらなのか？　これはトレーナーや理学療法士、大学の研究者などの専門家の間でも解釈が分かれているトピックです。支持性と可動性の2つの作用があることは多くの人が認めているのですが、「支持性がメインだ」「いや可動性がメインだ」と意見が分かれているのです。

支持性がメインであるという意見のなかには、「人間の関節は、足もとから見ていくと、支持性、可動性、支持性と交互に役割が替わっていく」という主張があります。

つまり、足首は支持性のための関節、膝は可動性のための関節、そして股関節は支持性のための関節だ、というわけです。

そして、可動性がメインであるという意見では、股関節が持つ非常に広い可動域をその根拠に挙げます。

また、股関節の周囲には、大腿四頭筋やハムストリングスなど、とても大きな筋肉があります。支持性がメイン派からは「体を支え骨盤を安定させるために大きな筋肉が必要」という意見があり、一方の可動性がメイン派からは「脚などを大きく動かすために大きな筋肉が必要」という意見が出てきます。このように、議論には果てがありません。

私の意見は、「股関節には、支持性と可動性の両方の作用がある」です。股関節の構造や筋肉の働きを見ていくと、どちらかがメインとは言い切れず、どちらも主役級の働きをすると考えられるからです。

立ったり座ったり、歩いたり走ったり、さまざまな動作をするときに体を支え、そして体を運んでいくためにも、こんなにも多くの筋肉が複雑に連携して機能する必要があるのです。

支持性と可動性という2つの作用が見事に融合しているという点においても、股関節の素晴らしさがあると私は感じています。

みなさんはどうでしょうか。支持性と可動性について考えると、股関節への理解が深まると思います。

どの筋肉に問題が起きるかで症状も変わる

23もの筋肉が関与する複雑な構造を持つ股関節だからこそ、問題が難しくなるという側面もあります。

どの筋肉も必要に応じて適切に伸び縮みする「優等生」であればいいのですが、なかにはサボる筋肉もあるでしょう。つまり、動きの悪い筋肉、硬くなってきちんと伸び縮みしない筋肉が出てくるというわけです。

動きの悪い筋肉が出てくると、骨盤と大腿骨の位置関係がおかしくなり、負荷が特定の部位に余計にかかったりして、トラブルが起きます。しかも、どの筋肉に問題があるのかによって症状の現れ方が変わってきます。「立っているときは大丈夫なのに、歩き始めるとちょっと痛い」「座っていると何ともないのに、立ち上がるときに違和感がある」「階段の下りが怖い」などなど、人によってタイミングやシーンが全然違うのです。

ひと口に「股関節に違和感がある」といっても、人によって症状はバラバラ。問題を起こしている筋肉がどこなのかがわかりにくく、トレーナーにとってもどう解決すればいいのか難しい……。

多くの筋肉が関与する複雑な股関節だからこそ、そのような特徴があるといえます。

チンパンジーに「股関節痛」はない？

人間という動物は、直立二足歩行するのが特徴です。人間が完全に直立二足歩行するようになったのは、約300万年前だといわれています。

二足歩行する動物なら、ほかにも鳥やカンガルー、さかのぼれば一部の恐竜なんかもそうですよね。しかし、直立二足歩行、つまり脚と胴体を地面に対して垂直に立てて歩くことができるのは、現在は人間だけです。

ちなみに、ペンギンも直立二足歩行するのではないかと思うかもしれません。実は、骨格を見るとわかるのですが、ペンギンは股関節を屈曲させ、膝も曲げながら歩いているので、直立二足歩行ではないのです。

人間が直立二足歩行するようになった前と後で、どのような変化があったと考えら

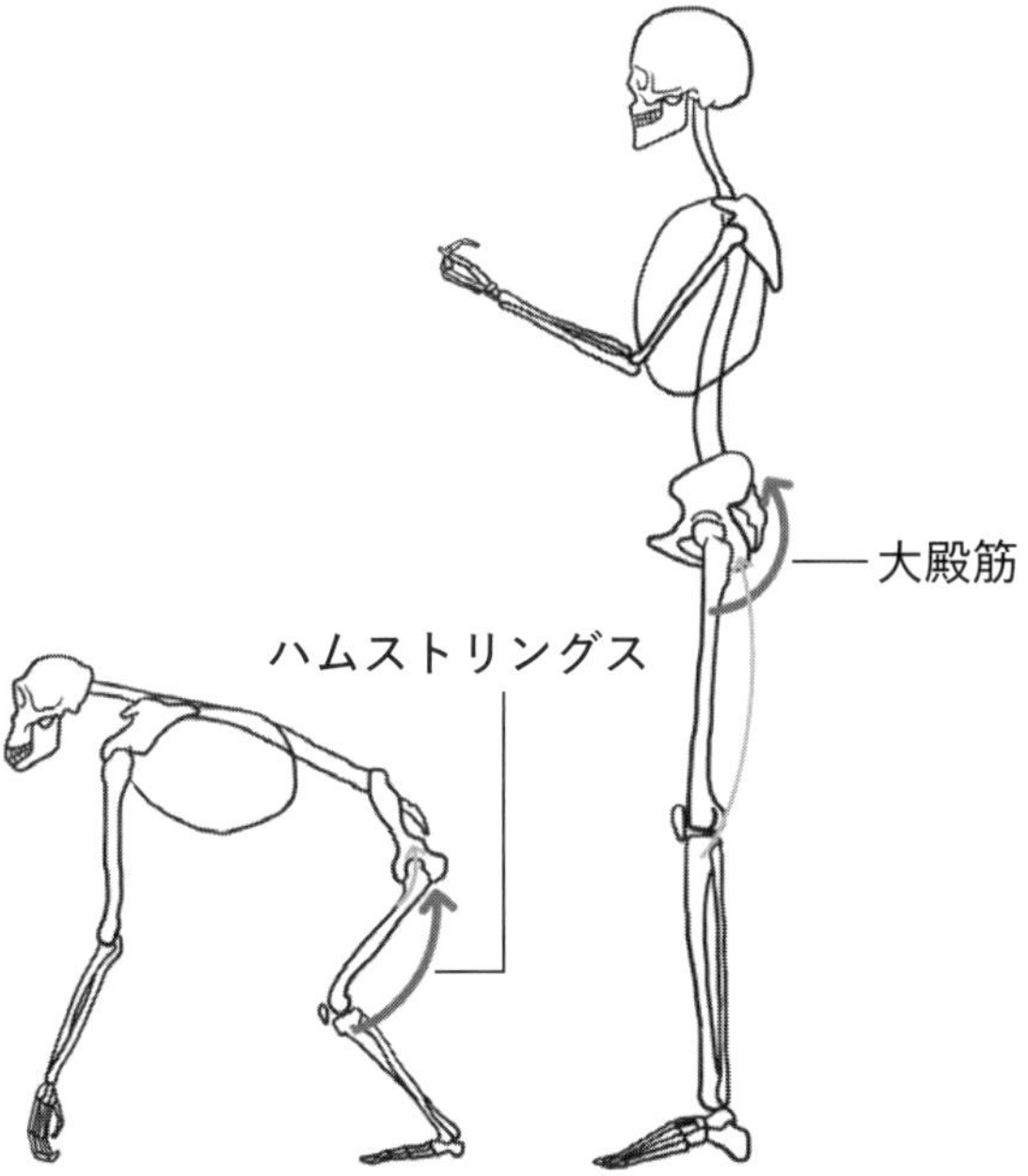

れるでしょうか。人間に近い類人猿であるチンパンジーと比較してみましょう。

チンパンジーも二足で立つことができますが、歩くときは腕も使い、直立ではありません。

DNAのレベルでは人間とチンパンジーは98・7％一致しているといわれていますが、骨格を見るとだいぶ異なっていることがわかります。

人間は「大殿筋」で歩く

両手をついて前に進むチンパンジーは、縦長の骨盤が斜め前に倒れた状態で歩いたり走ったりします。そして、股関節が屈曲した状態、つまり、背骨に対して大腿骨がほぼ90度に曲がった状態から始まり、主に太ももの後ろ側にあるハムストリングスの力によって、地面を蹴り出して、グングン前に進みます。

一方、人間は、歩くときも背骨と大腿骨が地面に対して垂直になっている状態から始まります。主に働くのは太ももの筋肉ではなく、お尻の表層にある大きな筋肉である大殿筋。もちろんハムストリングスも使われてはいますが、主役はあくまでお尻の筋肉なのです。

大殿筋は垂直に立つ骨盤を後ろから支え、股関節が伸展した体を前方に押し出す働きがあり、それによって脚を蹴りだす動きが始まります。後ろから大殿筋が「右、左、右、左」と、お尻を交互に押し出していると言えばいいでしょうか。大殿筋が骨盤を支えることで姿勢が安定し、つまり歩行が安定するので、ふらつくこともなく、自然と歩幅が大きくなり、前に進む力もアップします。

このように、骨格だけでなく、歩行のために使われる筋肉も変わってくるというのが面白いところでしょう。

チンパンジーの骨盤は縦長で平べったい

人間とチンパンジーの骨の形を比べてみると、特に大きく異なるのは骨盤だという
ことがわかります。

先ほどの骨格の図にあるように、チンパンジーの骨盤は平べったく縦長で、まるで
一枚の板のようです。それに対して人間の骨盤は、前後に膨らみがあり、特に腸骨か
ら恥骨にかけて前にせり出しています。これはなぜでしょうか。

人間は、直立した状態で活動するために、腹部に詰まった内臓がずり落ちないよう
に、骨盤で受け止めています。チンパンジーは、両手をついて四肢で歩きますが、股
関節が屈曲した状態にあり、骨盤では内臓を受け止めることはできません。腹筋を使っ
て支えているそうです。

もし、直立二足歩行する人間がチンパンジーと同じ骨盤の形をしていたら、内臓が
何の支えもなくドンと落ちてしまいますね。

人間とチンパンジーの骨盤は、正面から見ても形がだいぶ異なります。

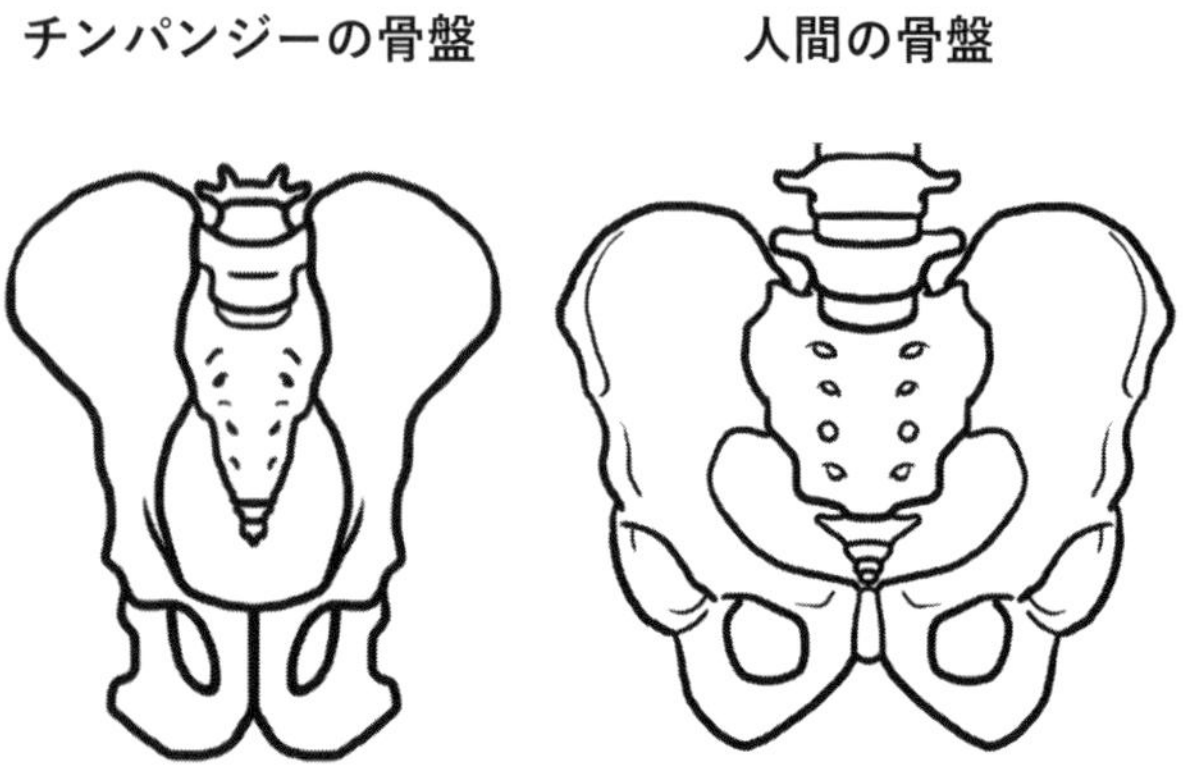

チンパンジーの骨盤は縦長で細いのに対し、人間の骨盤は横に広がっていて、お椀のような形をしています。お椀形になっているのは、先ほども述べたように内臓を受け止めるためでもあるのですが、骨盤が横に広がっていることでチンパンジーよりもかなり中心から離れた位置に大腿骨とのジョイント部分が位置しているともいえます。

このように、チンパンジーと人間の股関節は、その骨の構造からもかなり違うことがわかります。そして、直立二足歩行する人間の股関節は、その上半身の重さをずっしりと受け止めており、手をつきながら歩くチンパンジーに比べると、その負荷はかなり大きいと考えられます。

ですから、人間は年齢を重ねると、積み重なったダメージから股関節に痛みや違和感を抱える人が増えてくるのです。一方、チンパンジーにはひょっとすると、股関節痛はほとんどないかもしれません。聞いてみないとわかりませんが……。

人間は、直立二足歩行を実現するために、体はある意味で無理もしています。股関節は、四足の状態では屈曲がデフォルトですが、直立二足歩行のためには脚の付け根をギューッと伸ばす必要があり、体重や歩行時の重力による負荷を二足だけで支えるために、股関節にかかるストレスは甚大です。

股関節痛は本人にとっては困った問題ですが、それこそ直立二足歩になって両手を自由に使えるようになった代償と考えると、人間らしい悩みといえるかもしれませんね。

股関節を動かす筋肉のふしぎ

人間が直立二足歩行するときに活躍する大殿筋は、お尻の筋肉のなかで最も大きく、特に上下に幅が広いのが特徴です。その大殿筋がユニークなのは、上の部分と下の部分とで働きが違うということです。

大殿筋は骨盤の後ろから太ももの横まで伸びています。立ったり歩いたりするときは、骨盤の前側にある腸腰筋と協力して太ももを後ろに引く働きをします。つまり、股関節の伸展です。そのほか、大殿筋の上の部分（上方線維）は外転、下の部分（下方線維）は内転の作用があります。

外転と内転であれば真逆の方向ではないかと思うかもしれませんが、その通りです。まるで、2つの筋肉があるかのような働きをするのが大殿筋なのです。

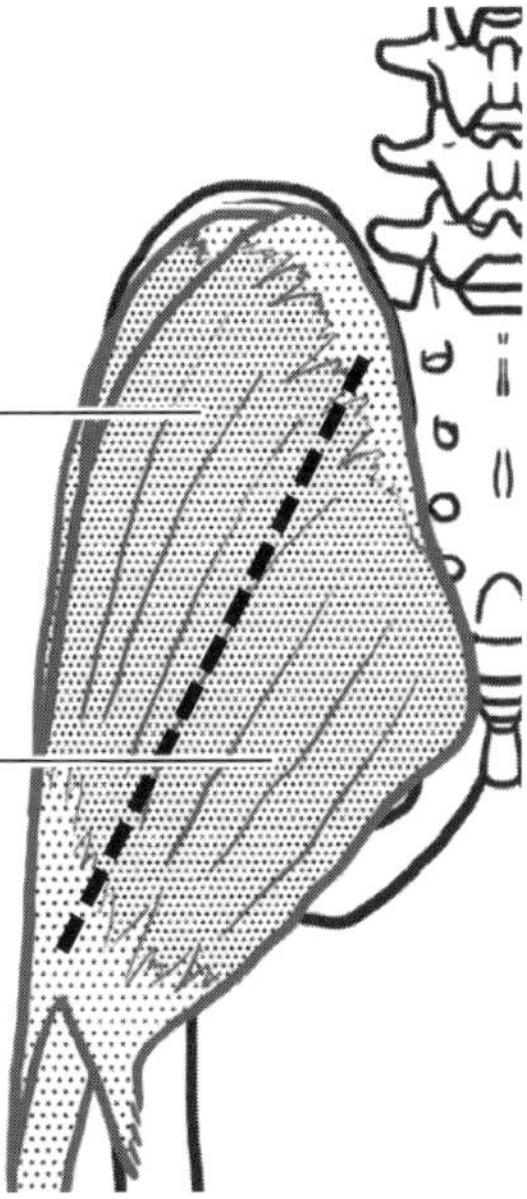

外転とは、脚を体の中心から外側に広げる動きのことで、いわゆる「開脚」です。一方で内転とは、脚を体の中心に向かって閉じる動きです。両脚を交差させたり、座ったときに脚を閉じたりするときに該当します。

上の部分と下の部分で作用が逆になるのは、筋肉線維が上と下で結合している部分が異なるためです。具体的には、上方線維は腸脛靭帯《ちょうけい》に、下方線維は殿筋粗面《そめん》に結合します。

大殿筋の上と下が引っ張り合うことで股関節を安定させているともいえます。球関節である股関節は、そのままならクルクルと動いてしまうのですが、上に大殿筋が乗っかり、上と下で引っ張り合いながらバランスを保っている、というイメージです。

大殿筋の上と下で筋肉の付き方に差が出る

大殿筋は上と下で筋肉の付き方に個人差があります。これは、動き方のクセにより筋肉の発達具合が変わってくるためです。

歩き方でいうと、ランウェイを歩くモデルのように、骨盤を立てて大股でシュッシュッと歩いている人は、大殿筋の上のほうが盛り上がっています。逆に、腰を落とした姿勢で、歩幅が狭かったり、足を引きずるようにして歩く人は、大殿筋の上の部分があまり発達していません。このような歩き方は股関節ではなく、膝より下の筋肉を主に使って歩いているといえます。

また、お尻の上部が発達している人は、股関節が外転気味になりやすく、つまり歩いているときも脚が開きやすい傾向があります。私自身も、明らかに大殿筋の上のほうが強く働いている感覚があり、歩いていても股関節が外転気味に引っ張られます。

一方で、大殿筋の上部が弱い人は、相対的に下部が強く出るようになり、内転気味になりやすい特徴があります。

それでは、あなたは自分の大殿筋の上と下のどちらが強めに出る傾向にあるか、わかるでしょうか。これは、なかなか難しい問題で、アスリートでも違いを感じ取れていない人はいると思います。

実は、大殿筋の上部と下部では、鍛えるトレーニング種目がそれぞれ異なります。自分の体重をおもりとして使う自重トレーニングでいうと、大殿筋の上部を鍛える代表的な種目が「ヒップエクステンション」、下部は「ヒップリフト」です。

これらの筋トレを、「大殿筋の上部に効いているか」あるいは「下部に効いているか」と意識しながら続けていれば、両者の違いを感じ取れるようになるかもしれません。股関節の動きと連動して大殿筋の上と下の違いが感じられると、股関節の神秘がわかると思うのです。

股関節の回旋で使われる「外旋六筋《がいせんろっきん》」

大殿筋の内側には、外旋六筋と呼ばれる6つの筋肉があります。名前を挙げると、梨状《りじょう》筋、内閉鎖《ないへいさ》筋、上双子《じょうそうし》筋、下双子《かそうし》筋、大腿方形《ほうけい》筋、外閉鎖《がいへいさ》筋の6つで、いずれも小さい筋肉です。

これらの筋肉は、股関節の内旋・外旋で作用します。太ももを内側にひねる動きが内旋で、外側にひねるのが外旋です。内旋と外旋を合わせて回旋といいます。そもそも回旋とは、体の一部を中心軸に沿って回す動作のこと。首や腰を水平にひねることも回旋です。

まっすぐ立った状態で、片脚の太ももを内側にひねってみてください。つま先は内側を向きますよね。それが内旋です。反対に、太ももを外側にひねってつま先が外側を向くのが外旋です。

この外旋六筋が面白いのは、「外旋六筋」という名前にもかかわらず、状況によっては内旋にも作用するのです。

股関節が屈曲0度の状態、つまり脚をまっすぐ伸ばした体勢では、外旋六筋の作用

外旋六筋

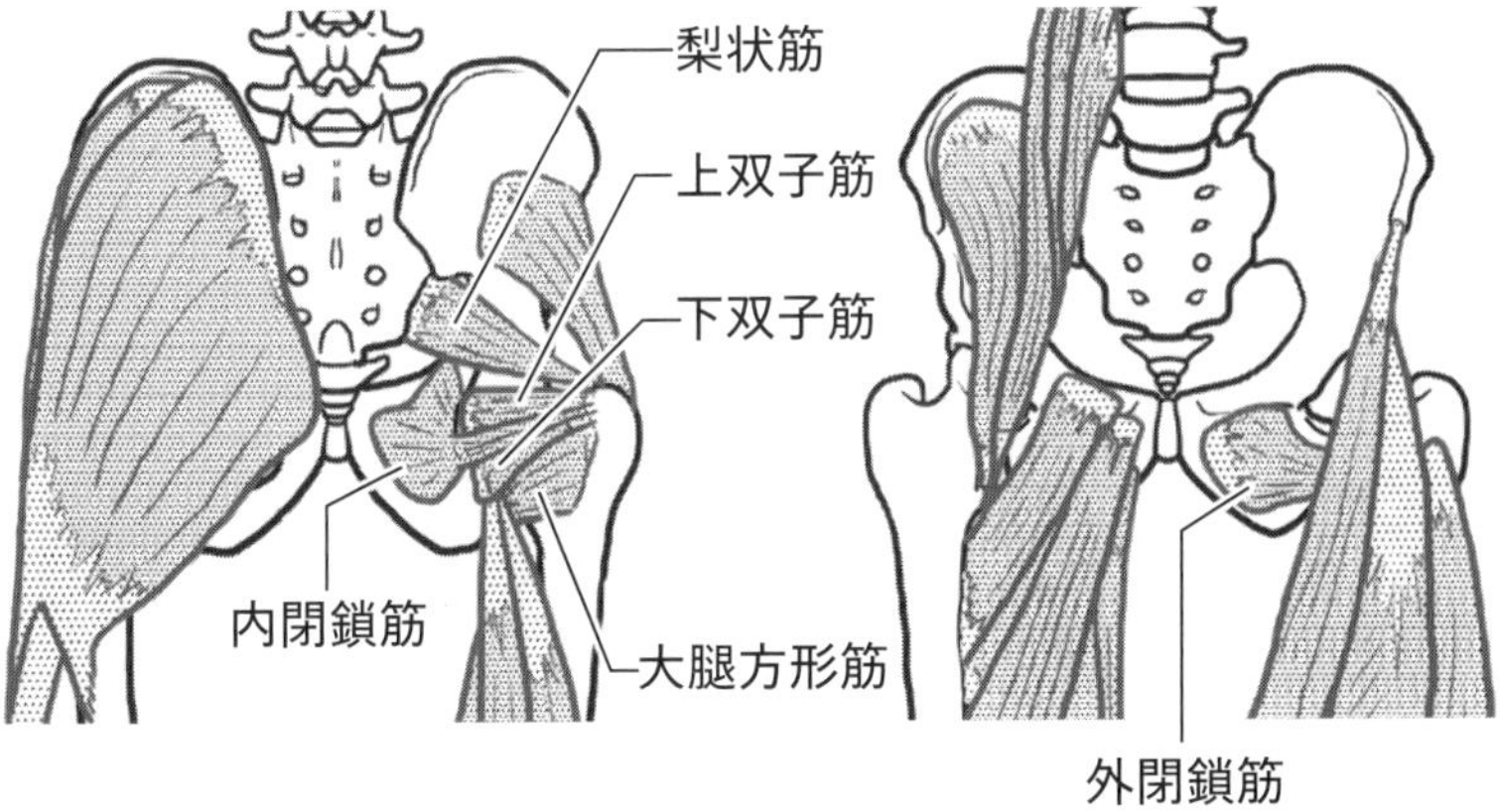

によって外旋の動きができます。例えば、あお向けに寝そべった状態で太ももを外側にひねるときなどに、外旋六筋が働いているということです。

ところが、股関節が屈曲90度の状態では、外旋六筋のうち梨状筋が、反対の内旋の作用を持ちます。同じ筋肉が股関節の屈曲の角度によって正反対の働きをするなんて、複雑だと思いませんか？　外旋六筋のこのような働きによって、股関節は安定性を保っているのです。

股関節は全部で6つの方向に動くわけですが、日常生活のなかでは複数の方向の動きが組み合わされます。つまり、屈曲しながら外転・内転したり、屈曲しながら外旋・内旋したりします。

そのため日常生活で、腰掛ける・しゃがむ・立ち上がる・階段の上り下り・車やバスなどの乗り降り・靴下の着脱・足の爪切りなどの動作をすべて円滑に行うためには、屈曲が120〜130度、外転が20度、外旋が30度、内旋が20度くらいの可動域が必要になるといわれています。

走りすぎ、歩きすぎで起こる「梨状筋症候群」

股関節に関わる筋肉のなかでも、6つの小さな筋肉の集合体である外旋六筋は、特に複雑でやっかいです。

外旋六筋は股関節を回旋させるために作用しますが、屈曲の角度によって6つの筋肉のうちどれがどれほど寄与するのかが変わってくるのです。

6つの筋肉が仲良く、スムーズに働いてくれるといいのですが、誰かが主張しすぎたりサボったりすると、一部にかかる負荷が大きくなってしまいます。サボってばかりの筋肉はどんどん弱くなり、働きすぎる筋肉はどんどん硬くなり、その結果、股関節の動きが悪くなったり、違和感や痛みが生じたりします。

なかでも硬くなりやすいのが、外旋六筋で最も大きな筋肉である梨状筋です。しかも面倒なことに、梨状筋の下には坐骨神経が通っており、筋肉が硬くなると坐骨神経を圧迫するのです。これが腰痛の一種のようにも見える「梨状筋症候群」です。

梨状筋症候群はランナーによく見られる症状の1つですが、ふだんからよく歩く人、ウォーキングを毎日する人、ハイキングや登山が趣味という人も要注意です。

足を着地させるとき、バランスを保つために股関節の回旋運動が必要になります。特に整地されていないデコボコの道を歩くときは、股関節を回旋させてグッと力を入れなければなりません。

こうして外旋六筋が働きっぱなしの状態になると梨状筋が硬くなるので、ストレッチなどでほぐしておくことが大切なのです（▼p・230▼p・245参照）。

人間はまだ直立二足歩行に適応できていない？

人間とチンパンジーの骨格を比べると、人間が直立二足歩行を手に入れたことで股関節に大きな変化が起きたことがうかがえます。

しかし、実は、股関節の構造に着目してみると、人間はまだ直立二足歩行に完全には対応できていないのではないか、とすら感じられるのです。

どういうことでしょうか。問題は、股関節のジョイント部分にあります。

股関節のジョイント部分は、球状になっている大腿骨頭が寛骨臼のくぼみにはまっている構造になっています。この凹凸がうまくはまることで、歩いたりするときに足元からくる衝撃を受け止めたり、上半身の重さを支えたりしながら、さまざまな動作が可能になっています。

まっすぐ立った状態　　**四《よ》つん這《ば》いの状態**

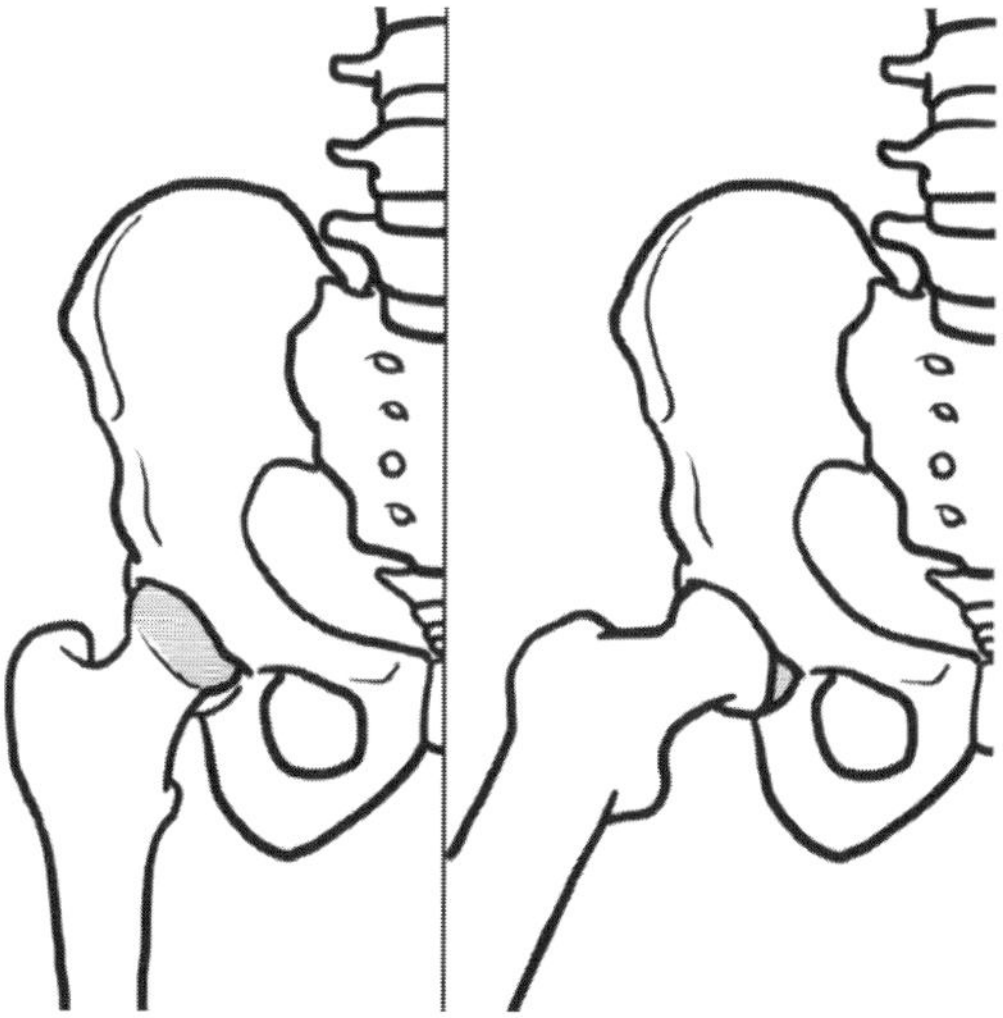

ですから、股関節のジョイント部分は、大腿骨頭と寛骨臼がなるべく密着している状態が理想です。この2つの凹凸がしっかりはまることで、衝撃や重力をしっかり受け止めることができるからです。

ところが、人間がまっすぐ立った状態の股関節をよく観察してみると、大腿骨頭の球状の部分は、寛骨臼に完全に覆われてはいないのです。大腿骨頭は少しはみ出ています。

それでは、大腿骨頭が完全に寛骨臼に覆われた状態というのは、どのようなシチュエーションでしょうか。それは、股関節が90度屈曲したうえで、少し外転した状態で

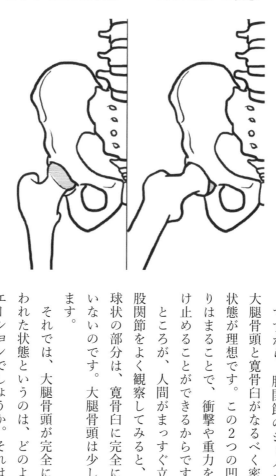

す。つまりこれ、四《よ》つん這《ば》いになったときなのです。

大腿骨頭がどれくらい寛骨臼に覆われているかに着目すると、人間の股関節はいまだに四足歩行に適応した構造になっていて、直立二足歩行には十分には適応できていないといえるのです。

人間の体は３００万年もかけて進化してきたのに、四つん這いになったときのほうが股関節が安定するなんて……と思うかもしれませんね。

「動かなさすぎ」で不調になる

確かに骨格だけ見ると不完全かもしれません。しかし、だからこそ私たちの股関節は、23もの筋肉が複雑に関与する構造になっているのです。

股関節には、支持性と可動性という2つの側面があります。支持性という観点からは不完全でも、可動性という観点からはメリットがある可能性もあります。

つまり、人間の股関節の構造は、体を支えるためだけでなく、体を動かし、移動させることを前提としているはずなのです。ところが、交通手段やデジタル技術の発達により、現代人は股関節を使って移動しなくても用事を済ませられるようになりました。

そうやって股関節を動かす機会が圧倒的に少なくなることで、問題が起きるようになったのです。「動かさない」時間が長くなることで、股関節の周辺にある筋肉が硬くなったり弱くなったりしてしまうからです。

イスや机でできる工夫

1日の多くの時間を、イスに座って、股関節を屈曲した姿勢で仕事をしていることも当たり前になりました。長時間、座り続ける生活は、筋肉の使い方に偏りが生じやすくなります。

イスに座ると、股関節の前側の筋肉（大腿四頭筋など）は縮み、裏側の筋肉（ハムストリングス）は伸ばされ、それぞれ「縮みっぱなし」「伸びっぱなし」という負荷がかかり続けることになります。

これに対し、まめに立ったり、歩き回ったりすれば、股関節の周囲にある筋肉の負荷にも偏りが生じにくくなります。ですから、股関節の健康のためには、どちらかというと座り仕事より立ち仕事のほうが望ましいのです。

今ではオフィスにスタンディングデスクを導入する会社もありますが、それは股関節の健康という観点からも理に適っています。勤務時間中ずっと立ちっぱなしで仕事をするのはつらいかもしれませんが、1日のうち1時間や30分でも利用する価値はあると思います。

また、ほかにも効果があると思っているのが、立った状態からちょこっと腰を下ろすだけで座れる「スタンディングチェア」です。立位に近いため、股関節の屈曲も浅く、通常のイスで仕事をするよりもずっと股関節にかかる負荷が軽減されます。ちょこっと腰掛ける体勢からならすぐに立ち上がることができるので、座りっぱなしになりにくく、こまめに立つクセも付きやすい。オフィスにイスを持ち込むのが難しければ、在宅ワークの日に試してみてはいかがでしょう。仕事だけでなく、ゲームや読書、映画鑑賞など、座りっぱなしで行う趣味でもおすすめです。

「開脚」にひそむ恐ろしいリスク

筋肉は関節を支え、動かす働きを担っています。ですが、私たちの体のなかには、筋肉のほかにも同様に関節を支えて動かす働きを担っている重要な組織があります。それは何でしょう？

答えは「靭帯」です。靭帯とは骨と骨をつなぐ、線維性の結合組織です。筋肉は腱を介して骨に付着していますが、靭帯はそのものが骨に付着しているので、骨に最も近いところで関節を支える組織だといえるかもしれません。

靭帯をわかりやすいものに例えると、骨と骨をつなぐ「セロハンテープ」でしょうか。日々、重労働をこなす股関節の周りには、脚と骨盤をつなぐ強力な靭帯があり、筋肉と一緒に股関節の支持性と可動性を実現しています。

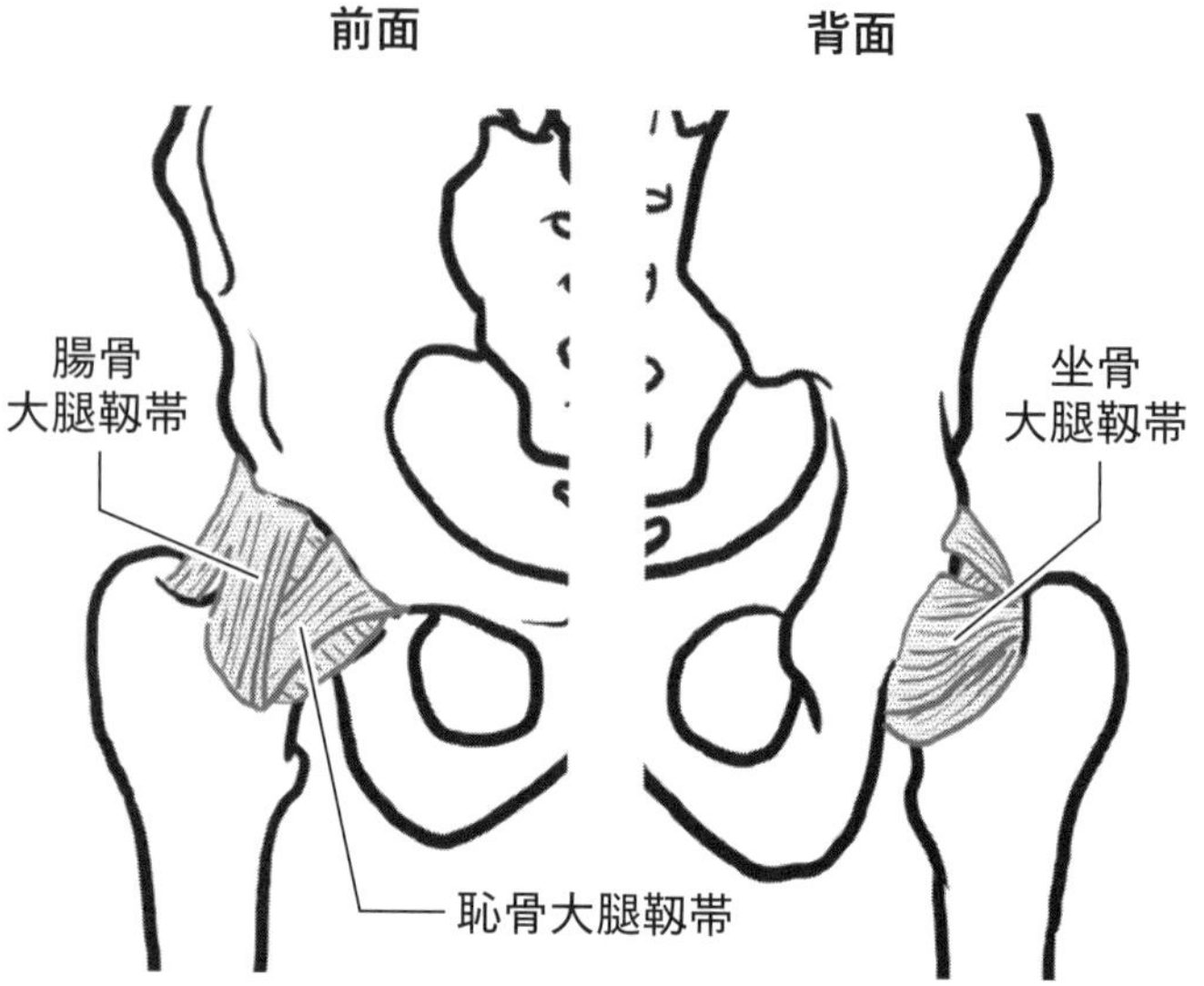

股関節に関与する靭帯は3つあります。前面にあるのが「腸骨《ちょうこつ》大腿靭帯」と「恥骨《ちこつ》大腿靭帯」、そして背面にあるのが「坐骨《ざこつ》大腿靭帯」です。

これらは「関節包《かんせつほう》靭帯」という種類の靭帯です。関節包とは、関節を包んでいる袋状の膜で、その膜から分化した靭帯のことを関節包靭帯といいます。

伸展の状態で靭帯が締まる

股関節の靭帯の特徴は、股関節が屈曲している状態ではゆるみ、伸展している状態ではキューッと締まるということです。

先ほど、股関節が90度屈曲している状態

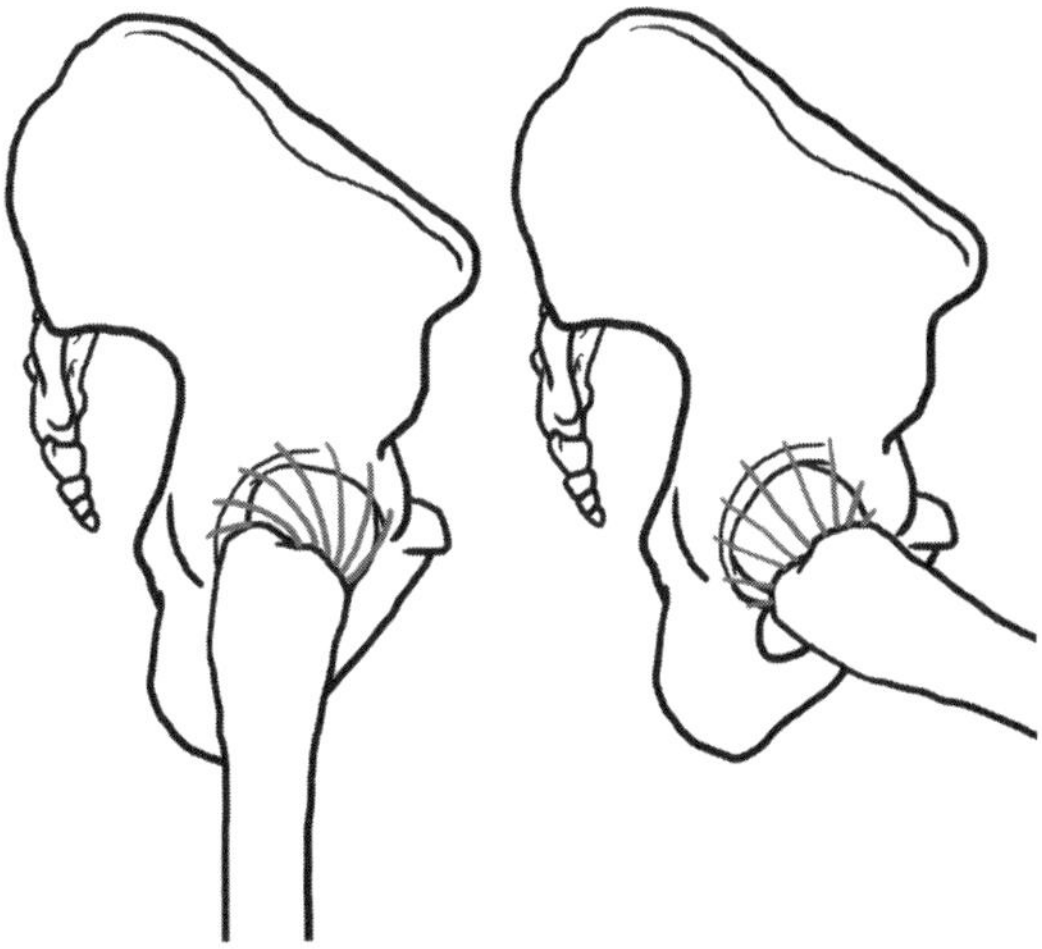

では、大腿骨頭は寛骨臼にきちんと覆われているものの、伸展した状態では完全には覆われていない、という話をしました。骨の構造からすると安定しているのは屈曲している状態なのですが、伸展の状態では靱帯の力によって安定性を確保しているのです。実際、まっすぐ立った状態になると、靱帯が大腿骨頭に強く巻き付いて、骨盤のほうへ引き寄せることで安定しています。

ちなみに、屈曲した状態では、殿筋群の力も安定に寄与しています。

「前後開脚」で靱帯を傷める

股関節は人間の体のなかで最も大きな関

節であり、支持性と可動性という2つの大きな役割もあるため、それに関与する靭帯も非常に強くて丈夫なものになっています。

しかし、どんなに強くて丈夫な靭帯でも、強烈な力でグッと引き伸ばされると、組織が伸びたり、傷ついたりします。アスリートが「靭帯の断裂により戦線を離脱した」というニュースを耳にしたことがあると思いますが、スポーツでは瞬間的に体に甚大な負荷がかかるため、プロ・アマ問わず、靭帯を損傷しやすいのです。

股関節の場合、脚を後ろに振り上げる伸展の動きや、外側に広げる外転の動きで靭帯を損傷してしまうことが多いでしょう。

また、ヨガやストレッチといった比較的穏やかに思えるアクティビティでも靭帯を損傷することが少なくありません。その原因は、股関節の過剰な前後開脚です。前後開脚では後ろ脚の大腿骨頭が寛骨から引きはがされる状態になり、靭帯にかなり強い負担がかかります。

そのため、「お手本のようなヨガのポーズをとりたい」「股関節を柔らかくして前後開脚したい」というのは、場合によっては非常に危険なのです。

ちなみに、股関節が伸展した状態では、靱帯だけでなく腸腰筋も股関節の安定性に寄与します。股関節を過剰に前後開脚すると、靱帯に加えて腸腰筋も大きく引き伸ばされてしまうのです。すると、腸腰筋が柔らかくなりすぎて、その筋力が低下する恐れがあります。

あこがれの「180度開脚」の代償

開脚といえば、過剰な左右の開脚も同じく危険が伴います。左右の開脚では、太もの内側にある内転筋群を損傷する恐れがあります。

内転筋群が損傷して過剰に柔らかくなってしまうと、股関節の内転、つまり内側に脚を引き寄せる力がとても弱くなり、まっすぐ立つことが困難になります。それに加えて、年齢を重ねるにつれて筋肉量が落ちていくと、股関節がさらに不安定になる恐れもあります。股関節が外れやすくなったり、姿勢が悪くなったりするほか、歩けなくなる、転倒しやすくなるなどの問題が起きるかもしれません。

内転筋群の弱い高齢の方が、両膝を左右に開いたまま立ったり歩いたりしているのを見かけたことがあるかもしれません。長年バレエを続けていた方も、内転筋の力が弱くなっていて、そのまま年齢を重ねると、次第に足先が外向きになり、がに股気味になるケースが多いのです。

人間の体は、関節ごとに適切な可動域があり、関節が必要以上に動かないよう制限がかかる構造になっています。なぜなら、関節が必要以上に動いてしまうと、靭帯を傷つけたり、骨同士がぶつかったりして軟骨などの内部組織が傷む要因になるからです。

「でも、バレリーナや、新体操やフィギュアスケートなどの選手は、開脚しても平気じゃないか」と思うかもしれません。彼らは成長過程で訓練を重ねることで、高い柔軟性と、その動きを支えるだけの筋力を獲得し、人間の関節の可動域を超えた動きができるようになったのです。

相撲の力士もそうですね。彼らは体重がとても重いうえに股関節にかかる衝撃も大きいのですが、靭帯がゆるんだり切れたりしないよう、股関節の柔軟性やそれを支える筋力をトレーニングによって獲得しています。それでも、靭帯を伸ばしたり切ったりというケガは起きます。

靭帯には血液が流れていないため、一度、股関節の靭帯が伸びたり切れたりしたら、元の状態には戻りません。そのまま放置したらやっかいです。痛みを取りつつ早期からリハビリテーションに取り組む必要があります。また、靭帯再建の手術が必要になる場合もあります。

人間の両脚は、左右に90度開けば十分です。一般の方が180度開脚をする必要はまったくありません。また、「股関節が柔らかいとやせやすくなる、脚が細くなる」というのも根拠のないウワサです。

無理な開脚にチャレンジするのは危険だということを、フィジカルトレーナーの立場からは繰り返しお伝えしていきたいものです。

股関節は「唇《くちびる》」がすごい

米国でトレーニングについて学んでいた頃、解剖学の授業で、人間の股関節の実物を見たことがあります。あのときの衝撃は忘れられません。

神様がつくったのかと思うほど、大腿骨頭の美しい球面に驚きました。それが、寛骨臼のくぼみにスポッとはまり、なめらかに動くのです。こんなにもよくできた構造になっているのか、と感動しました。

球状になっている大腿骨頭がクルクルとよく動くのは、股関節の潤滑のしくみにも秘密があります。鍵となるのが、「関節液」と「関節唇《しん》」です。

関節がなめらかに動くためには、関節液が重要な役割を果たしています。関節液は、関節包の内部を満たしている透明で粘り気のある液体です。関節包の内面を覆う

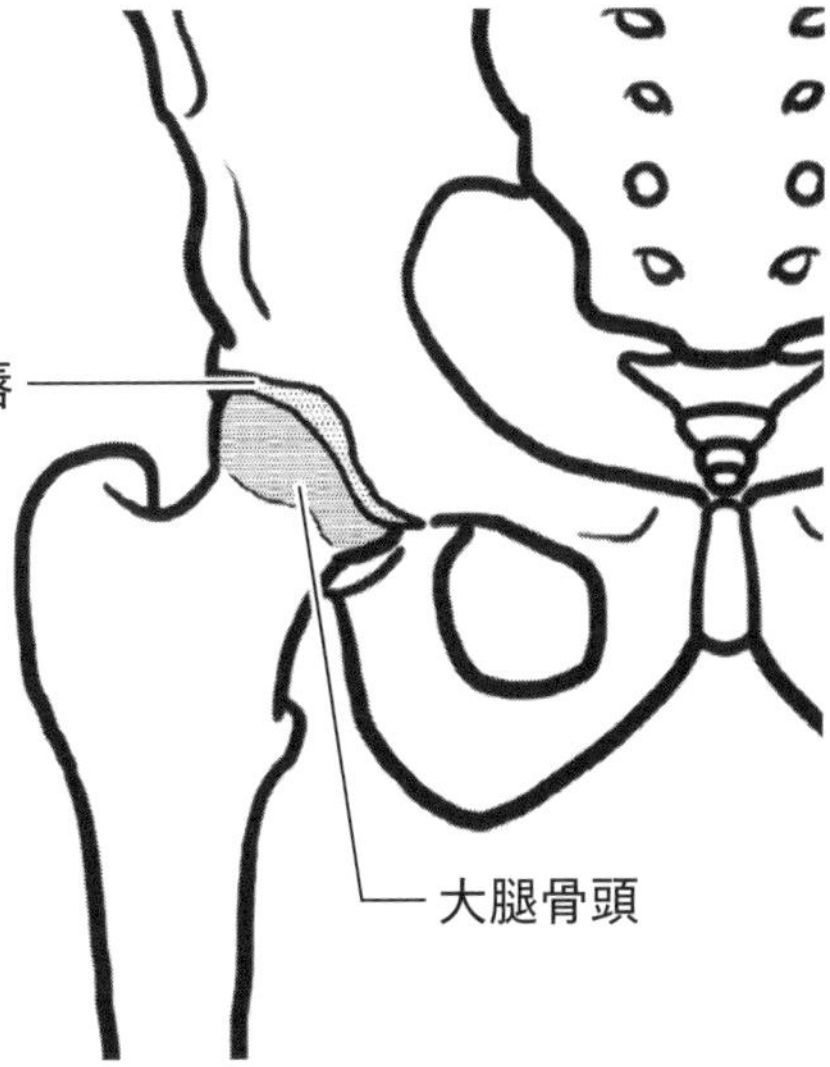
関節唇
大腿骨頭

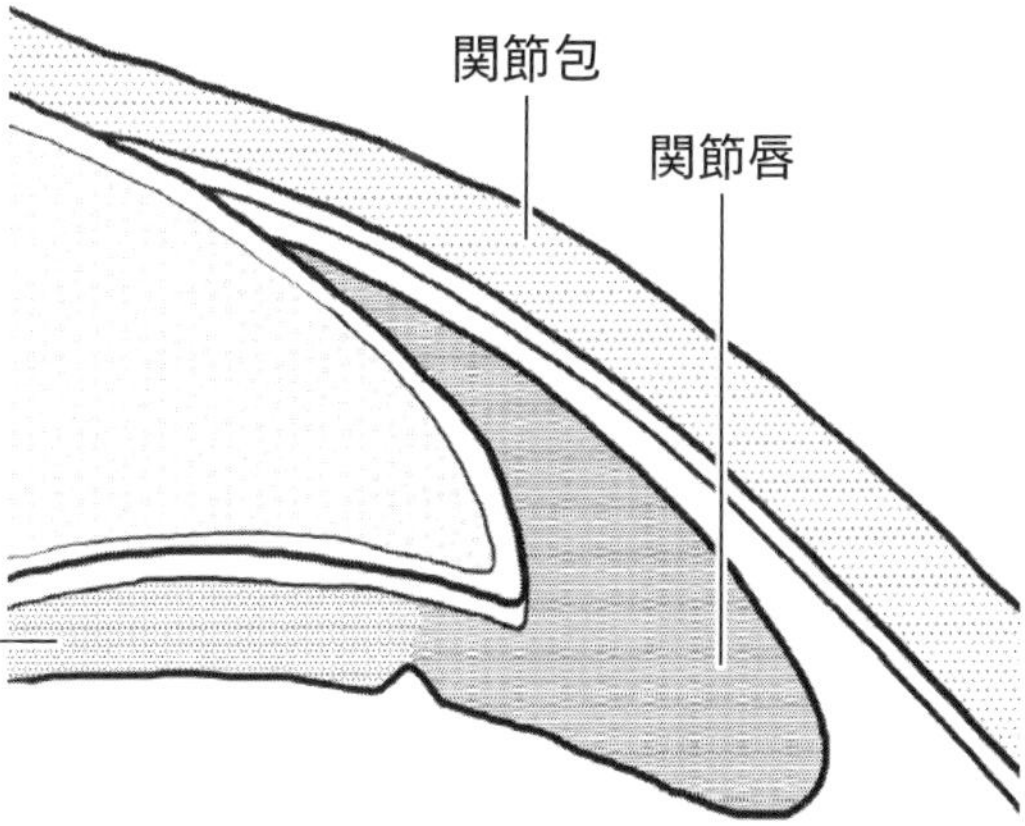
関節包
関節唇
関節軟骨

「滑膜《かつまく》」から分泌され、関節がスムーズに動くための潤滑油として機能しているのです。また、関節内の圧力を分散したり、関節の軟骨に栄養を供給する働きもあります。

そんな液体が関節のなかで分泌されていることもすごいのですが、さらにすごいことは、股関節には唇《くちびる》があるということです。何を隠そう、私が股関節を大好きだと思う理由は、この関節唇の存在にあります（関節唇は同じく球関節の構造になっている肩関節にもあります）。

関節唇の2つの機能

股関節の関節唇は、寛骨臼のふちにあり、軟骨の組織でできています。この小さな軟骨には、サクション（吸引）機能とシーリング（密封）機能という、2つの重要な機能があります。

サクション機能とは、大腿骨頭に吸い付いて、関節の密着度を高めるものです。そして、シーリング機能によって関節の内部を密閉することで、少量の関節液でも摩擦が少なく、なめらかに動くようになっています。

関節唇は、いわば弁当箱の「パッキン」のような存在です。球関節を覆うように関節唇があることで、大腿骨頭と骨盤をキューッと密着させることができ、関節液を漏らさずに済みます。そのおかげで関節包のなかに関節液が行き渡るので、関節を大きく動かしても、大腿骨頭は外れませんし、スムーズに動かせるのです。

弁当箱のパッキンが劣化すると、中身が漏れたり、フタがちゃんと閉まらなくなったりしますよね。股関節も、関節唇がなかったら、うまく機能しないでしょう。

機械ではかなわない驚異的なめらかさ

人間の関節のさらにすごいところは、荷重が低くゆっくりとした運動のときと、荷重が高く速く動く運動のときでは、潤滑のしくみが違うということです。荷重が低くゆっくり動くときは、軟骨と軟骨がある程度接するような「境界潤滑」になっていますが、荷重が高く速く動くときは、関節液が介在する「流体潤滑」になります。

関節がどれぐらいなめらかに動くかを「摩擦係数」で考えてみましょう。荷重が低くてゆっくり動く境界潤滑のときは、摩擦係数はそれほど低くなりません。ところが、荷重が高く速く動く流体潤滑のときは、摩擦係数は非常に低くなります。

それでは、人間の関節の摩擦係数は、どれほど低いものなのでしょうか。数字で比べると、驚くべき結果になります。

なめらかに動くといえば、「機械ベアリング」を思い浮かべる人もいるかもしれません。ベアリングとは、モノの回転を助ける部品であり、日本語では軸受けと呼ばれます。ベアリングはあらゆる工業製品で使われていて、身近なものでは冷蔵庫や掃除機、エアコンなどの家電製品や、自動車や航空機などが挙げられます。

日本にはベアリングの世界的メーカーがたくさんあります。つまり、ベアリングは日本のお家芸ともいえる分野なのです。

最先端の工業機械のベアリングで実現できる摩擦係数は、0・01〜0・03程度です。一方、人間の関節は0・001〜0・002程度と、なんと機械より1桁も少ないのです。

股関節は、この世に存在するあらゆる機械のベアリングを凌駕する、優れたなめらかさを関節唇と関節液により実現しているといえるかもしれません。

ここまで、股関節がいかに柔らかく、なめらかに動くかという話をしてきました。多くの筋肉と丈夫な靭帯によって支えられ、スムーズに動く股関節は、体を支持し、歩いたり、走ったり、ジャンプしたりするときにも重要な役割を果たします。

こんなにすごい股関節が人間に備わっているなんて、素晴らしいと思いませんか？

ただ、そんな股関節も、さまざまな原因から、痛くなったり違和感が生じたりします。何が原因で、どういうメカニズムによるものなのか、次の章で見ていきましょう。

第2章

股関節はなぜ、傷むのか

あなたを襲う変形性股関節症

私が「人間は股関節から老いていく」と思っているのは、股関節に痛みや違和感が出るようになると、とたんに体を動かさなくなる人が多いためです。私はトレーナーとしてなるべくたくさんの人に体を動かす楽しさを知ってもらおうと思って活動していますが、「体に痛みがあるから運動できません」という反応を示す人は高齢になるほど増えてきます。

痛みがあればなるべく安静にしようとするのは、人間の本能なのかもしれません。ですが、じっとしているだけでは股関節の状態はよくなりません。

人間の股関節の耐久年数は、おそらく70～80年だと考えられていますが、50代～60代ごろから股関節の不調を訴える人は増えてきます。なかには、先天的に股関節に問

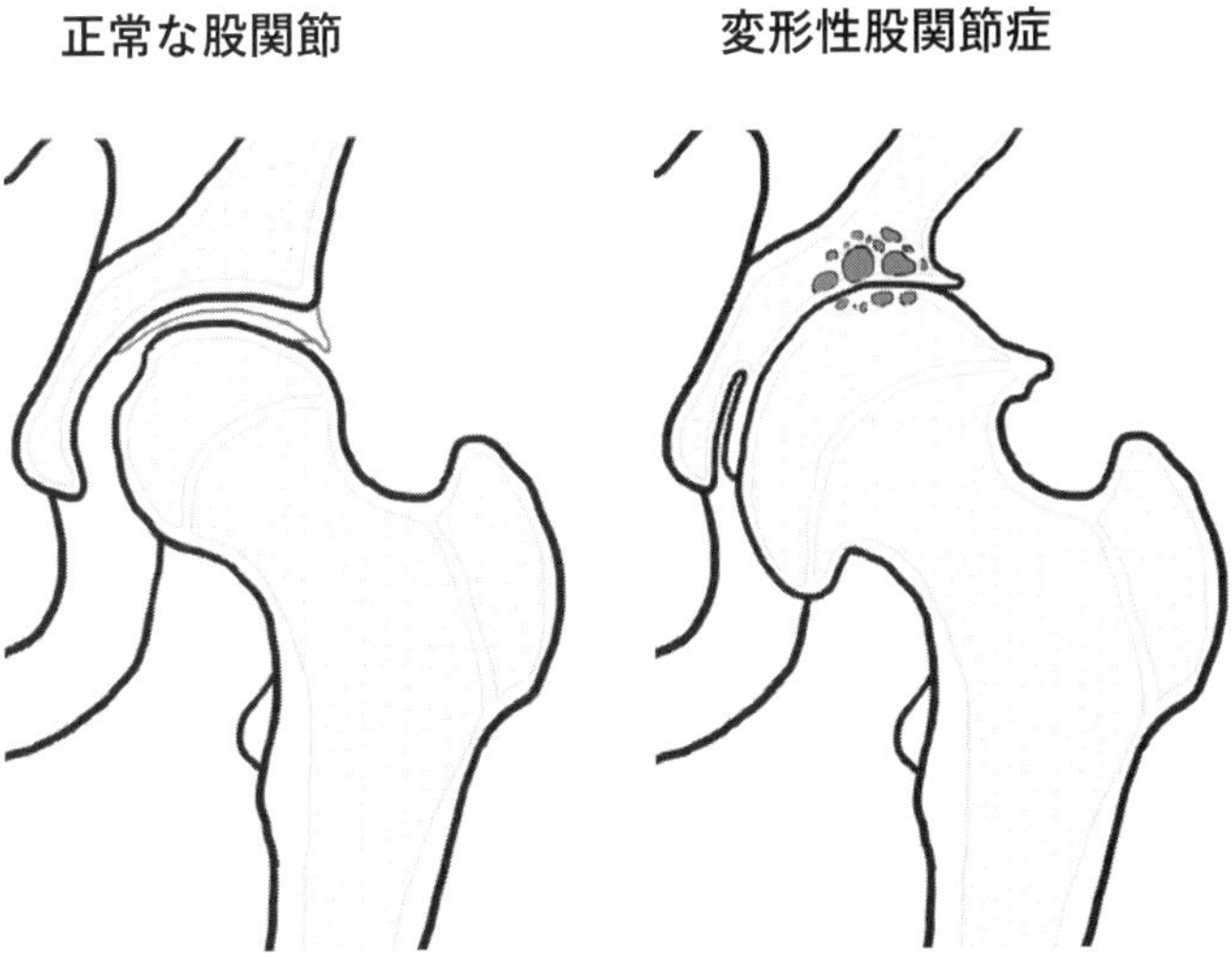

題があって、20代や30代でも痛みや違和感を覚える人もいます。

股関節のトラブルで最も多いのは、「変形性股関節症」です。

変形性股関節症とは、股関節の寛骨臼と大腿骨頭を覆う軟骨がすり減り、痛みや股関節の変形を起こす疾患です。この軟骨組織は、骨同士が直接ぶつからないよう、クッションのような役目を担っているもので、股関節のなめらかな動きのためには欠かせません。軟骨がすり減ってしまうと、骨へのインパクトが大きくなり、痛みや違和感を生じてしまうのです。

立ち上がった瞬間や歩き始めたときに、

股関節にちょっとした違和感を覚えるようになったら、それは変形性股関節症の初期症状かもしれません。

人間の体も消耗品ですから、長年、生きていればあちこちに不具合が出てきます。股関節も次第に摩耗し、変形や損傷が起きてくるのです。

進行すると寝ても覚めても痛い

初めは、歩き出したり立ち上がるときなどに違和感を覚えたり、長時間歩いたときにだるさを感じたりするようになります。長く歩くと少し痛みが出てくるものの、休憩すれば気にならなくなる、という感じです。

しかし、変形性股関節症が進行すると、違和感がだんだんと痛みに変わり、股関節の可動域が狭くなったり、歩きづらくなったり、階段の上り下りや靴下を履く、足の爪を切るといった行為も困難になっていきます。

最終的には、安静時や就寝時にも痛みに悩まされるほど悪化するのです。

進行して軟骨がすり減ってくると、関節のすき間が狭くなってきて、骨が次第に変形していきます。「骨嚢胞《のうほう》」という空洞ができたり、「骨棘《きょく》」というトゲができたりして、痛みはどんどん強くなっていきます。

変形性股関節症は、原因が明らかでないものを「一次性」、原因が明らかなものを「二次性」と呼びます。

一次性は、原因が明らかではないといいつつも、加齢や肥満、運動時の負荷のかけすぎ、そして日々繰り返される生活での動作などによって発症すると考えられています。

二次性は、関節リウマチが股関節で起きる「リウマチ性股関節症」や、大腿骨頭の血流が悪くなって骨頭が壊死する「骨頭壊死」、大腿骨頭と寛骨臼のいずれかまたは両方に骨のでっぱりがあり、骨同士が衝突（インピンジメント）を起こす「大腿骨寛骨臼インピンジメント（ＦＡＩ）」、寛骨臼が先天的に浅く、大腿骨頭が十分に収まらない「股関節形成不全」などの病気のほか、骨密度が下がった高齢の方に多い「大腿骨頸部骨折」などのケガが原因になります。

正常な股関節　　股関節形成不全

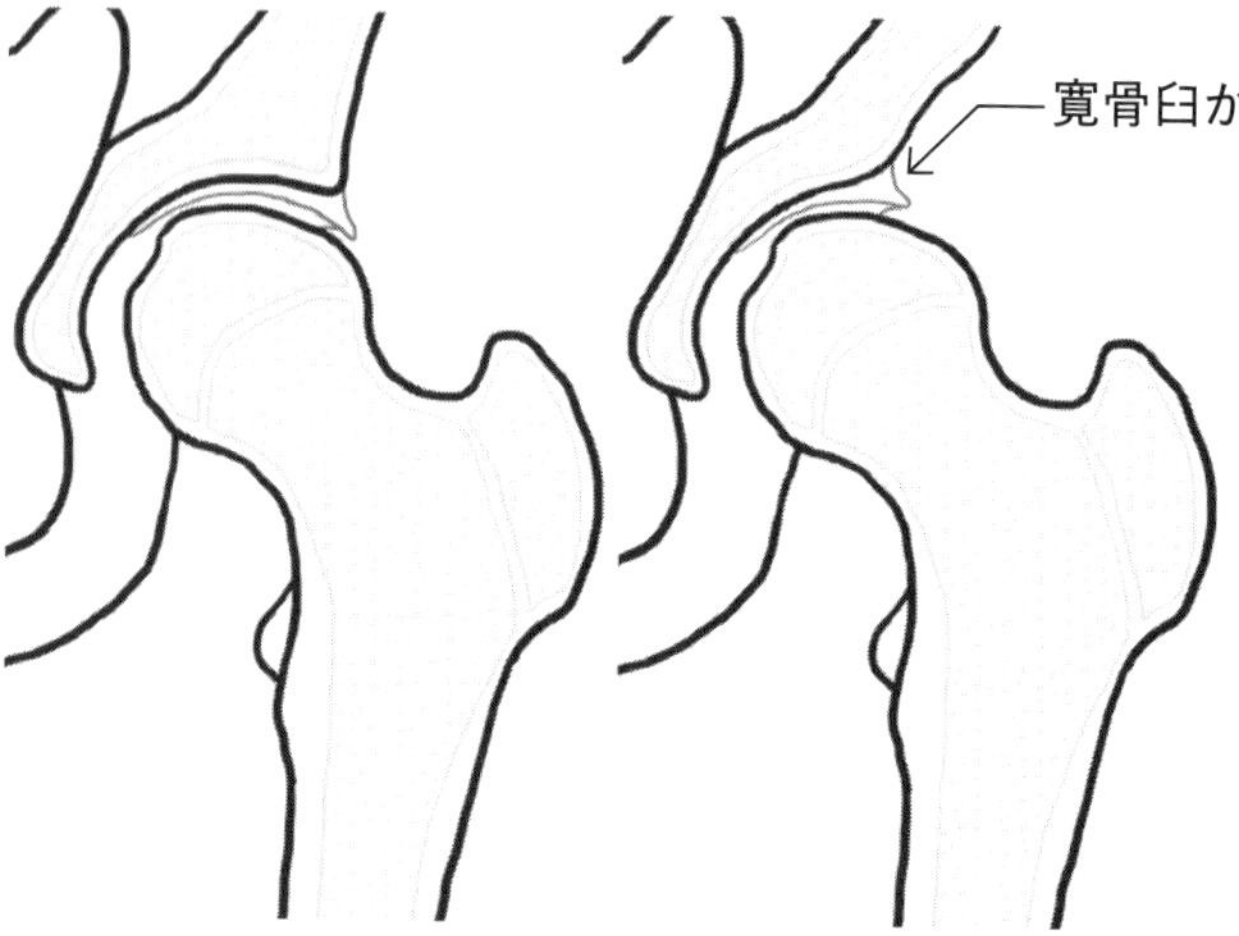

日本人に多い「形成不全」

先ほど挙げた二次性の変形性股関節症の原因のうち、日本人では特に股関節形成不全が多く見られます。

股関節形成不全では、股関節の「ハマり具合」が浅いため、体の重さやさまざまな動作によってかかる負担が大きくなり、軟骨が摩耗しやすいのです。

変形性股関節症に占める股関節形成不全の割合は、成人男性では0～2％、成人女性では2～7％となっています。つまり、特に女性に多いというわけです。女性のほうが、生まれつき寛骨臼が浅い人が多いのだと考えられています。

寛骨臼が生まれつき浅い場合、年齢を重ねるにつれて股関節に違和感を覚える人が増えてくるでしょう。先ほど、一次性の変形性股関節症では、座り方や歩き方などの日常的に繰り返される体の使い方の影響も大きいという話をしましたが、これは股関節形成不全の人にも当てはまります。つまり、症状を軽減し、股関節が摩耗するスピードを落とすには、日常生活の動作もポイントになるのです。

例えば、「イスに座るとき、常に同じ脚を上にして組むのはよくない」とよくいわれます。同じ脚を上にして組んで長い時間を過ごしていると、立ち上がろうとしたとき、一瞬、股関節に力が入らない、ということが起きます。それはなぜかというと、股関節の周囲にある筋肉が1つの方向に長い間引っ張られることで、大腿骨頭があるべき位置からズレてしまったためなのです。

また、歩くときに常に足の着地が不安定になるような、底の厚い靴を履くことでも、大腿骨頭の位置がズレやすくなります。靴の選び方も重要ですね。

股関節に違和感を覚えるようになって、病院でレントゲンやCT（コンピューター断層撮影）などの画像診断を受けた結果、実は股関節形成不全の傾向があるということ

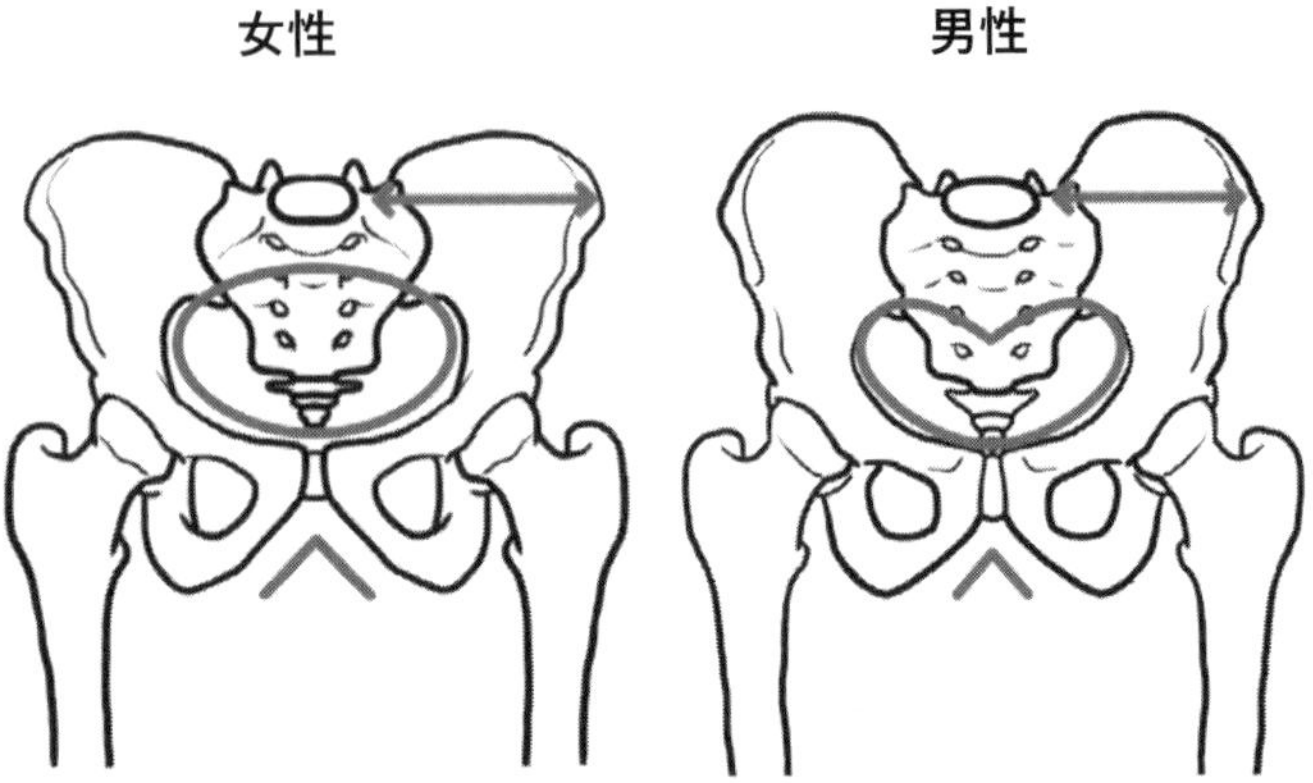

とが判明する人もいるでしょう。そのような人ほど、股関節に負荷がかからないような日常の動作について知っておいたほうがいいかもしれません。

男女の骨盤の差

ところで、なぜ女性のほうが股関節形成不全の人が多いのでしょうか。実は、その理由はまだわかっていないそうです。ただ、男女の骨盤は、明らかに形が異なっています。

女性の骨盤は、男性に比べて横に広がっていて、高さが低いのが特徴です。また、骨盤の恥骨の角度である「恥骨下角《かかく》」を見ると、女性のほうが約80度と広がっていて、男性は約60度と狭くなっています。さらに、骨盤の上のほうの入口は、女性のほうが左右に広い楕円形になっているのに対し、男性は左右に狭いハート形になっています。

女性の骨盤がこのような形になっているのは、胎内で赤ちゃんを育み、出産のときは骨盤を赤ちゃんの頭が通るようになっているためです。出産が近づくと、女性の骨盤はさらに開いていきます。

女性の骨盤のほうが横に広がっていることで、股関節形成不全や一次性の変形性股関節症になりやすいのかどうかはわかりません。ただ、骨盤の男女差から、運動に関しては面白いことが推測できます。

股関節の支持性と可動性の観点から見ると、骨盤の幅が広い女性は支持性が高く、幅が狭くて縦長の男性は可動性が高いといえます。また、運動効率でいうと、左右の大腿骨の位置が狭いほうが走ることに適しているため、男性の骨盤のほうが走ることに向いており、女性は支持性に優れているのでジャンプをして着地する運動に向いているといえるでしょう。得意な動作には必要な筋肉も付きやすいので、男女によって得意な競技が異なると考えられるかもしれません。

ただ、以上はあくまで骨格の違いをもとにしたお話です。実際の運動は、神経系や身体能力、筋肉量や筋肉の付き方によっても左右されます。個人の運動の得意・不得意までをすべてこうした男女差で説明できるわけではありません。それもまた面白いところなのですが。

軟骨は新陳代謝する

関節の軟骨が次第にすり減ることで痛みが生じる、という話はよく知られています。これは、股関節だけでなく膝関節などでも共通している現象で、「変形性膝関節症」などの病名を知っている人も多いでしょう。

そして、「関節の軟骨は一度すり減ってしまうと元に戻らないので大切にしなければならない」と思っている人が多いのも事実です。

ですが、本当にそうでしょうか。

私は、すり減った軟骨組織は、完全に元に戻ることはないものの、ある程度は再生できるのではないかと考えています。

人間の組織には自己修復能力があります。例えば、筋肉がダメージを受けると、血

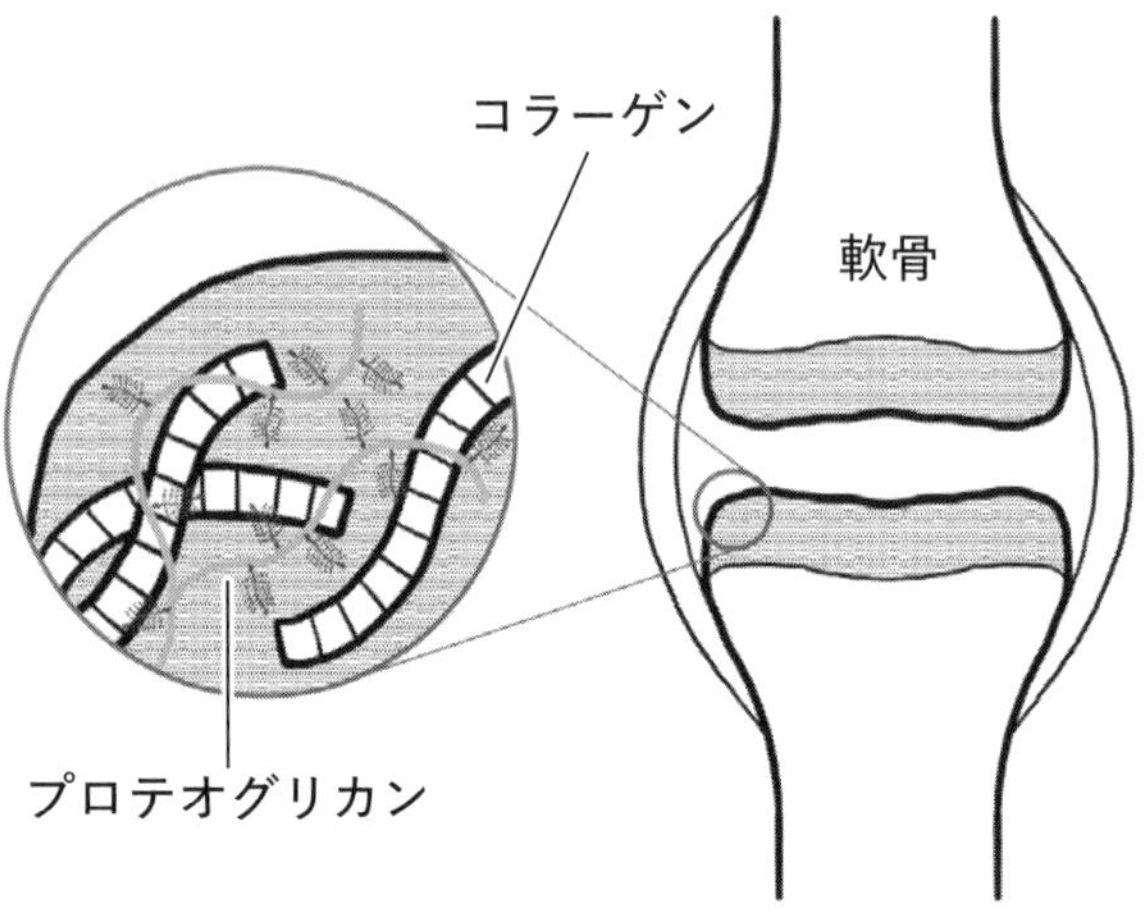

液によって栄養がドンドン運び込まれて修復されるしくみがあります。筋トレをすると筋線維に傷がつき、それが修復されることで筋肉が太くなるわけです。

このような修復のしくみは、軟骨組織にもちゃんとあります。ただし、関節の軟骨には血管やリンパ管、神経などがないので、筋肉の場合とは異なるメカニズムによって行われます。

関節の軟骨組織は約80%が水分で、約20%がコラーゲンとプロテオグリカンが主な成分の軟骨基質、そしてわずかな軟骨細胞によって構成されています。

よく聞くコラーゲンは、線維状のたんぱ

く質で、軟骨のほか、皮膚や靱帯、血管など、非常に多くの組織で使われています。人間の体を構成するたんぱく質のうち、約30％がコラーゲンです。そして軟骨では、このコラーゲンが網目状の構造を形成し、そのなかに水分をたっぷり含んだプロテオグリカンと軟骨細胞が閉じ込められているのです。ちなみにプロテオグリカンは、特殊な構造を持つ糖とたんぱく質の複合体です。

こうした構造によって、軟骨基質に特有の弾力が生まれ、骨と骨がぶつかる衝撃を和らげているのです。そして、関節の軟骨の厚みは、その人の体重や、部位、関節内の場所により異なります。股関節では、寛骨臼側と大腿骨頭側の軟骨を合わせた厚みは2～4㎜あります。大腿骨頭は前の内側が、寛骨臼は上の外側がそれぞれ最も厚いと考えられています。

加齢で「関節液」が減る

この軟骨に栄養を与えるのが関節液です。

関節液にはさまざまな働きがあります。関節にかかる衝撃を分散させたり、骨同士の摩擦を軽減させる潤滑油のような働きをします。

残念ながら、この関節液も加齢とともに減少していきます。高齢になると、関節に違和感や痛みが出てきて、「まるで油が切れた機械のようだ」と思う方もいらっしゃいますが、関節液の減少という観点からは、あながち間違った表現ではないかもしれません。

それでは、関節液はどのようにして軟骨に栄養を与えるのでしょうか。

軟骨組織は、スポンジのような構造になっていて、押しつぶされたあとに元に戻ったり、圧力から解放されたりすると、周囲の関節液を吸い込みます。そのときに、栄養を取り込むのです。その栄養には、コラーゲンやプロテオグリカンなどの軟骨基質の成分が含まれていると考えられます。

その様子は、水のたっぷり入ったバケツのなかで、スポンジをギュッと握りつぶしたときの様子に似ています。スポンジが元に戻るときに、周囲から水を吸い込みますよね。

ということは、軟骨に栄養を与えるためには、軟骨がつぶれたり、圧力がかかったりしなければならないのです。つまり、関節をふだんからよく動かしていれば、軟骨にもしっかり栄養が行き渡るというわけです。

関節をあまり動かさず、1日のうちほとんどを座ってじっとして過ごしているようでは、軟骨にも栄養が届きません。すると、軟骨の再生もあまり行われず、軟骨自体が変形していって、変形性股関節症や変形性膝関節症などが進行してしまうのです。関節に違和感や痛みがあるからといって、ずっと安静にしているのはかえってよくないということです。

関節の軟骨の耐用年数は、おそらく70～80年くらいだといわれています。わずか3㎜程度の軟骨がそんなに長持ちするのは、まったく再生しないのではなく、ある程度修復されると考えるほうが自然でしょう。

その耐用年数を考えたら、90歳を超えると関節の軟骨がだいぶすり減った状態になるのは仕方がありません。それに対し、60代や70代で関節の軟骨がかなりすり減ってしまっている方は、関節をあまり動かしていないことが原因かもしれません。

「再生」と「新陳代謝」

ここで「関節の軟骨は一度すり減ってしまうと元に戻らない」という話に戻りましょう。このような話を聞いたことがある方は多いと思います。私は仕事柄、整形外科のドクターとよく話をするのですが、「軟骨は再生できない」とおっしゃる人が圧倒的に多いのも事実です。

とはいえ、臨床のドクターが「再生」という言葉を使わない理由は理解できます。おそらく、「すり減った軟骨が元に戻るんですね」と患者さんに誤解されるからでしょう。私自身もクライアントには、軟骨の再生メカニズムについて説明をする際、「再生する」ではなく「新陳代謝をする」という言葉で伝えています。

覚えておいてほしいのは、人間の体は、股関節に限らず、動かすことによって修復し、再生するということです。私はそれを「新陳代謝」と表現しています。

専門家が読む本を開くと、軟骨については「再生」という言葉が使われていたり、「新陳代謝」という言葉が使われていたりします。専門家の間でも、どこまでを「再生」と言っていいのか、判断が分かれているのかもしれません。

ただ、私が言いたいのは、軟骨にも自己修復能力があるということです。確かにすり減った軟骨は完全には元の状態には戻らないかもしれませんが、まったく修復されないわけでもないのです。

生活習慣や体を動かすクセを変えるだけでも、股関節の軟骨の摩耗を抑えたり、不具合の進行を遅らせたりすることはできます。これは、最新の高性能ロボットにはない、人間の持つ素晴らしい力です。

どうでしょう？　希望が持てる話ですよね。

人工股関節は入れ時が難しい

変形性股関節症が進行すると、「人工股関節」を入れることも考えなければならなくなります。

人工股関節については、メディアなどで紹介しているのを見たことがあるかもしれません。身近な人が人工股関節にしたという話を聞いたことがある人もいるでしょう。

もちろん、股関節の変形が始まったからといって、すぐに人工股関節にしなければならないわけではありません。変形性股関節症の初期の段階であれば、股関節の負担を軽くするために体重を管理したり、日常生活で体の使い方を変えたり、股関節を支える筋肉を鍛えたりすることで、これ以上悪くならないようにすることは可能です。これを保存療法といい、どのように行えばいいのか病院で指導してくれます。

しかし、寝ても覚めても痛くて仕方がない、日常生活に支障があるとなると、いよいよ手術を検討しなければなりません。股関節の損傷している部分を人工股関節に置き換える、人工股関節置換術の手術を行うことになります。

年々クオリティが向上

私は昔から人工股関節にされた方の運動指導も担当してきました。その経験からいえるのは、年々、人工股関節の品質や耐久性がよくなっており、また手術の技術も向上しているということです。

20年ほど前だったら、手術を受けた方から「やっぱり自分の関節という感じにはならないよ」と聞きましたが、今では、すべての方ではないものの、とても多くの方から人工物を入れていることをほぼ感じさせないと聞くようになりました。

立ったり座ったり歩いたりという日常生活が快適になり、生活の質がグッと上がる。みなさんとてもうれしそうで、トレーナーとしてもよろこばしい限りです。

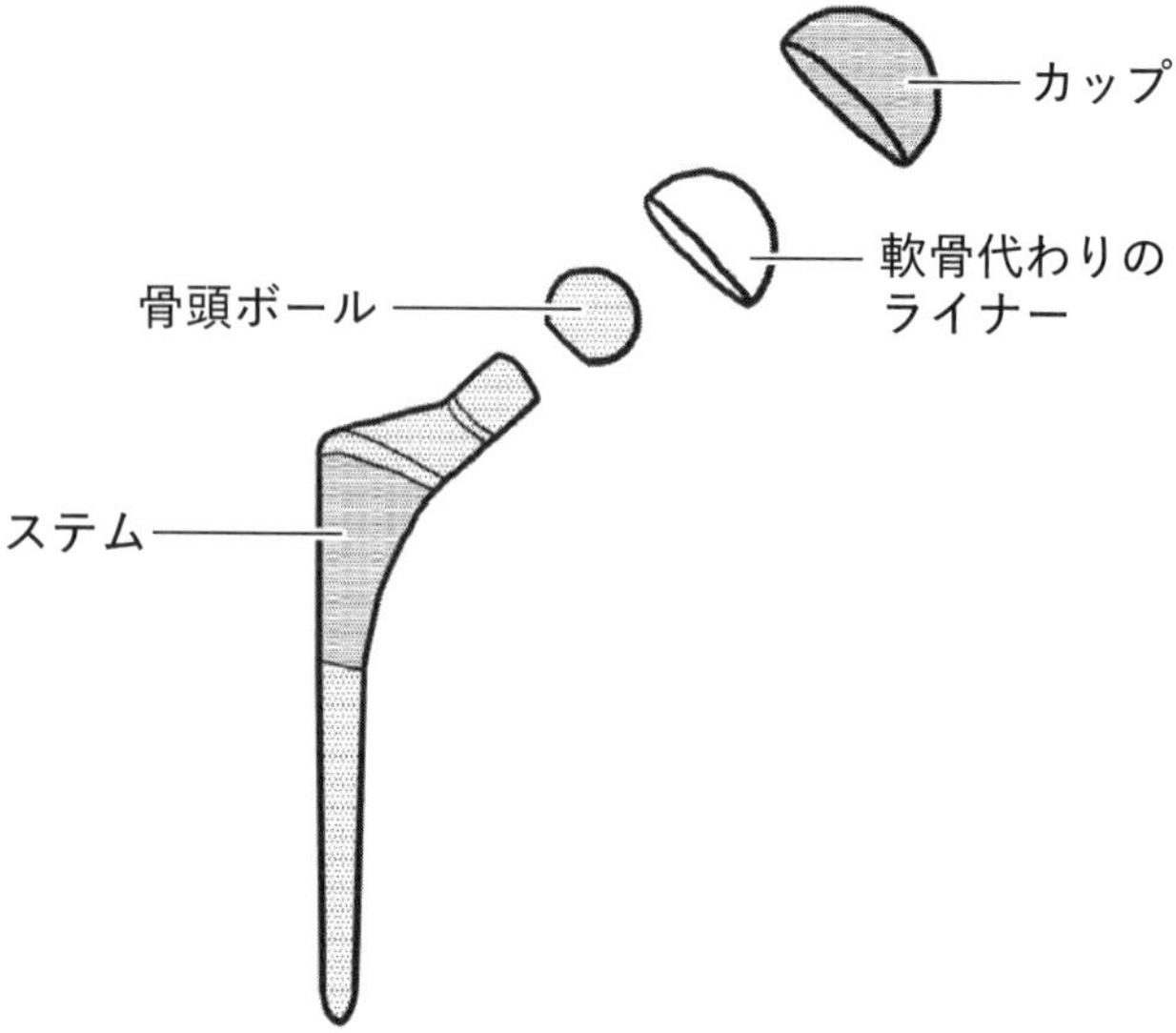

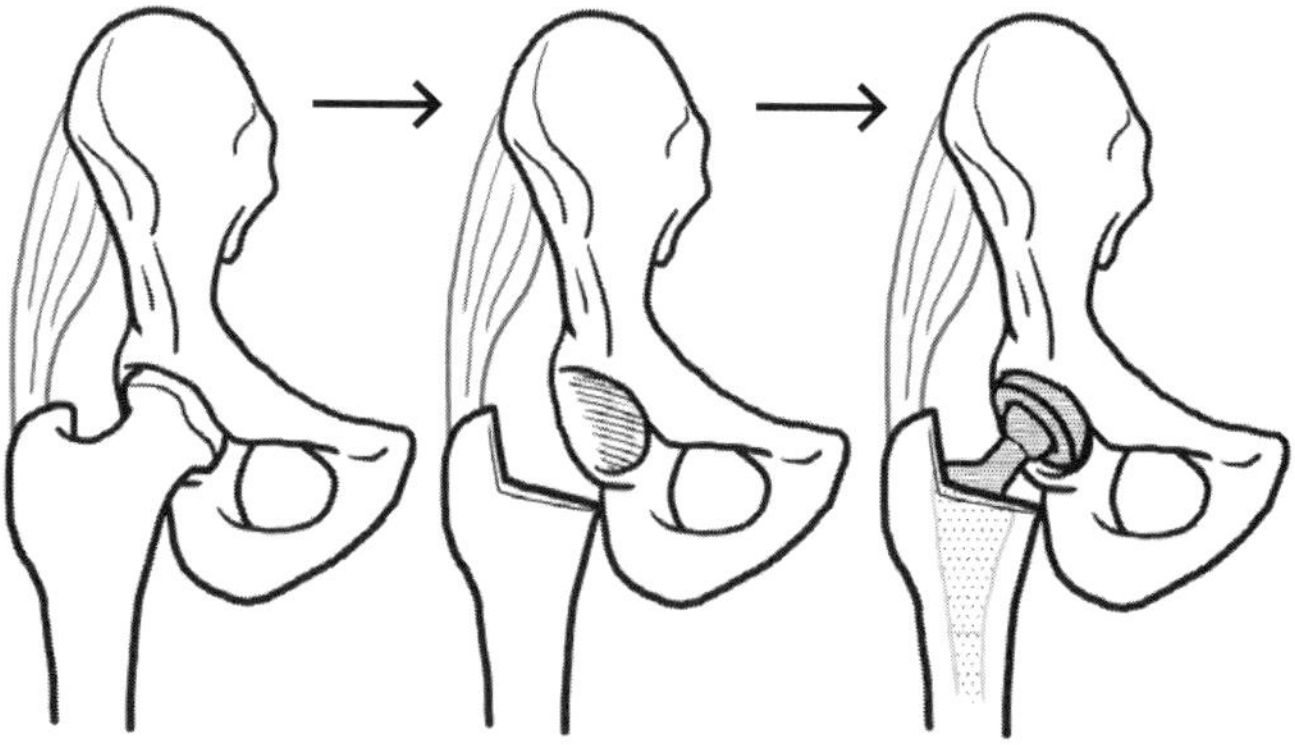

損傷箇所を
取り除く

人工股関節を
固定

人工股関節の手術後にはリハビリを行います。歩行や階段の上り下りのほか、日常生活の動作が問題なく行えるようトレーニングします。

一方、私が心配しているのは、リハビリによって問題なく人工股関節が使えるようになると、安心してしまって、それ以上トレーニングなどをしなくなる人が多いということです。

人工股関節といっても「完璧な関節」ではありません。また、動かすためには筋力が必要です。

そもそも、筋力が衰えたり、骨が変形した結果、どうにも生活が難しくなったから人工股関節の手術を受けたはずです。それなのに人工股関節で快適になったからといって、また体を動かさない生活に戻ってしまったら、元の木阿弥です。

どんなに丈夫な人工股関節が入っても、体を動かさなければ、股関節の周囲の筋肉は衰えていき、体重も増えてしまうでしょう。そうなると、股関節のどこかに余計に負荷がかかるようになり、不具合につながってしまうのです。

「左右同時」という選択肢も

人工股関節で悩ましいのは手術のタイミングです。かつては、人工股関節の寿命を考えて、「あまり早く手術してしまうと途中で寿命が来てしまうから」と、痛いのに手術を我慢する人もいました。

しかし人工股関節の耐久性が改善され、手術の安全性も向上したことから、痛いのに我慢するということは減ってきています。最近むしろ問題なのは、手術を片方だけにするか、左右同時に行うか、という点です。

もちろん、片方だけしか悪くなっていないのであれば、片方だけを手術すればいいはずです。しかし実際には、変形性股関節症が進んでしまった人は、反対側の股関節にも問題が起きている場合も多いのです。

リハビリの観点からいうと、左右同時に手術で人工股関節に置き換えたほうが、術後のトレーニングもうまくいきます。人間の動作は左右が均等になっているものが多いからです。片方だけ置き換えた結果、感覚に左右差が出たり、違和感が生じたりして、手術していないほうの股関節に負担が余計にかかるようになったりもします。結局、残りのほうも悪化し、数年後に「やっぱりもう一方も人工股関節にしよう」と、手術に踏み切るケースは多いようです。

手術を1回すると術後の安静期間が必要になり、その間に筋力が落ちてしまうので、特に70代や80代になると、元の筋力に戻すまでが大変です。片方ずつ手術を行えば、同じリハビリが2回必要になります。しかも、数年後に2回目の手術を行うときには、さらに年齢も上がっていて、手術の傷の治りも遅くなり、回復により時間がかかる場合もあるでしょう。

ただ、費用の問題もあるので、一概に「左右同時の手術がおすすめです」とは言えません。医師としっかり相談し、判断材料の1つとして頭に入れておいていただければと思います。

スポーツも楽しめる

スポーツを楽しみたい、体を動かすことが好きだという人にも、人工股関節はおすすめです。手術後は股関節を使ってできる動作も増え、トレーニングのバリエーションもどんどん広がります。私のクライアントも、飽きずに体が動かせるので、とても楽しそうです。

痛みがあると、やはりできるトレーニング種目も限られます。すると、同じようなトレーニングの繰り返しになることが多く、つまらないのです。それで意欲がなくなったり、トレーニングが苦痛になって、体を動かすのをやめてしまう人もいます。

ただし、人工股関節になると多少の動きの制限が発生する場合もあります。例えばイスに座っているときに脚を組んではいけません。深くしゃがむのもNGです。スポーツでも、股関節を深く曲げたり、ひねったりする運動はなるべく避けたほうがよいといわれる専門家もいます。

これは人工股関節の脱臼や摩耗、破損につながる恐れがあるためです。テニスなどは、ダブルスはOKだけれども、シングルは移動範囲が広いのでNGというドクターもいます。

一方で、おすすめなのは山登りです。足元に適度に不安定感があるので、股関節を支える筋肉が鍛えられますし、可動域をしっかり使った運動が行えます。山登りについては次の章でも触れているので、興味のある方はそちらも読んでみてください。

なお、人工股関節の状態や筋力については、当然のことながら個人差があります。スポーツなど体を動かすときには、必ず主治医と相談したうえで行いましょう。

トラッキングの問題で痛みが生じる

変形性股関節症のように骨などが変形しなくても、関節を動かすだけで痛みが生じることがあります。それはどのような場合でしょうか。

機能解剖学の分野では、関節を動かすときの「トラッキング」が安定していれば痛みは出ないが、それが不安定になると痛みが出る、という基本的な考え方があります。関節のトラッキングとは、簡単に言うと、関節の動き方や動きの軌跡です。

トラッキングが安定しているということは、つまり、関節を動かすときの軌跡が毎回同じだということです。一方、関節を支える筋肉や靱帯がゆるんでグラグラすると、トラッキングが安定せず、痛みが生じてしまいます。また、関節の周囲の一部が硬くなっていても、トラッキングは安定しません。いっそ関節の周囲がすべて硬くなって

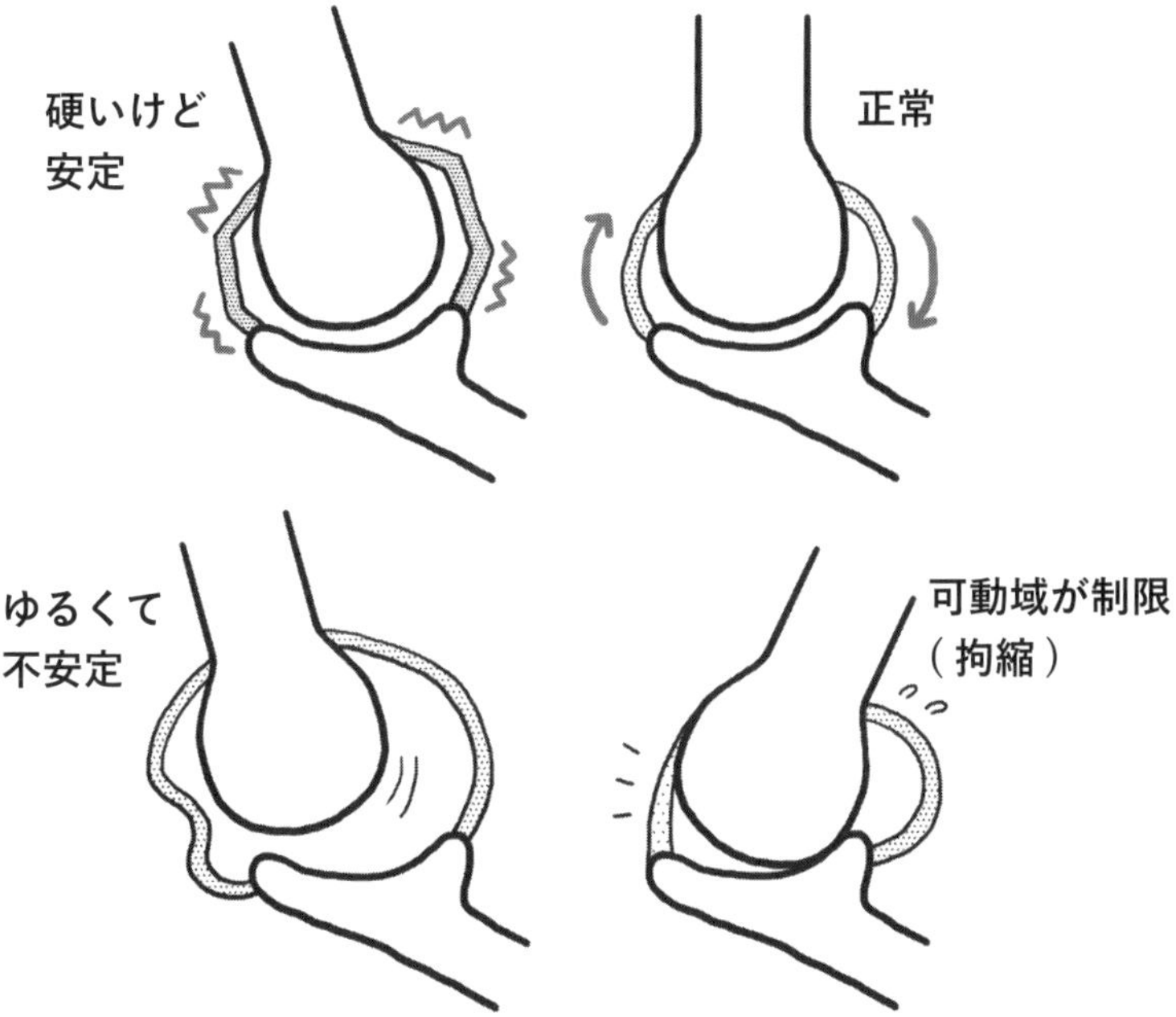

いればトラッキングは安定するのですが、今度は曲げづらくて動かしづらくなるなどの問題が生じます。

最も多いのが「拘縮」

トラッキングが不安定になるのにはいろいろなケースがありますが、最も多いのが「拘縮《こうしゅく》」です。拘縮とは、関節を動かす機会が減るなどして、関節の周囲にある筋肉や関節包、靭帯などが硬くなり、関節が動きにくくなった状態をいいます。

例えば、股関節の後ろのほうの組織が硬くなったとします。大腿骨頭は、組織の硬いほうから柔らかいほうへとズレるため、

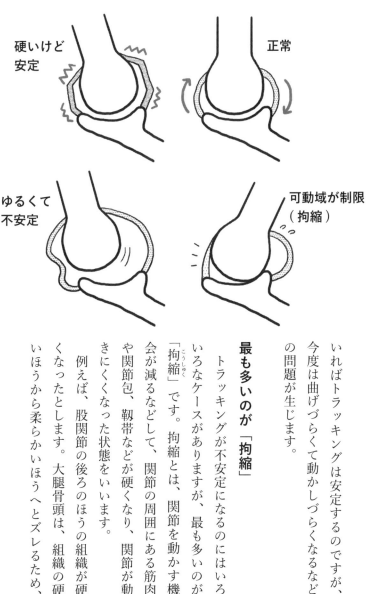

通常よりも前方に移動してしまいます。これにより、骨と骨がぶつかって痛みや炎症を引き起こす「インピンジメント」という状態になります。股関節のインピンジメントが生じることで、可動域が狭くなり、トラッキングが不安定になるというわけです。

同様に、体重が重くなる、筋肉量が落ちるなど、体の組成の変化でも、トラッキングが不安定になります。おなかの周囲にたっぷり脂肪がついてくれば、重心が前寄りになったり、上半身が重くなったりしますよね。すると、股関節の特定の部位に負荷が集中し、トラッキングが不安定になります。体が変化すると、脳がそれを察知し、筋肉の使い方を変えようとするのですが、当初は体が適応しきれず炎症を起こすので、違和感や痛みが生じるのです。

体が重くなるなどの変化が起きてからしばらくすると、痛みが気にならなくなる場合もあります。ただ、実際は炎症が沈静化しただけで、トラッキングが不安定なのは解消されていないかもしれません。また、痛みを避けるために、従来とは違う筋肉の使い方で動作を行うようになると、新たな炎症やゆがみの発生につながることもあります。

つまり、トラッキングが不安定になる根本的な原因を解消しないと、あちこちに違和感を生じたり、慢性的な痛みを抱えるようになる恐れがあるのです。

体のバランスを整える運動とは？

不安定になってしまったトラッキングを正常化するには、運動が有効です。なかでも、筋力や柔軟性のバランスをストレッチなどで整えることは重要です。本書でも、第4章からこうした運動を紹介していきます。

トラッキングを正常化させるための運動とは、筋トレでガッツリ鍛えたり、速く走ったりするようなこととは違います。その人に必要な体の使い方を考えながら、バランスを整え、関節などの機能を高めていくという感じです。

股関節であれば、その人が股関節を日々どれだけ動かす必要があるのかによって何をどう鍛えればいいかが決まります。アスリートのように大きく動かすのであれば、筋肉の「出力」もかなり必要なので、筋肉量も多くしなければなりません。例えばプロの野球選手を見ると、みなさんお尻がデカいですよね。プレーのなかで力を発揮して、股関節を安定させるために大きな力が求められるからです。必要なトレーニングを続けていくうちに、彼らはどんどんお尻が大きくなっていきます。

野球選手の体はカッコよくてあこがれるかもしれませんが、ふだんの生活に適したバランスではないのです。

トレーニングのやりすぎでバランスを崩す

一般の方は、野球選手のようなトレーニングは必要ありません。高齢者であれば加齢や運動量の低下による筋肉の衰えを防ぎ、ケガを予防して健康寿命を延ばせるようなトレーニングが適しています。

人には人に合った体作りがあります。このことを理解していないと、暗雲にハードなトレーニングを行ってしまって、正常なトラッキングから逸脱してしまう恐れもあります。

正しい知識がないと、自分が気になる筋肉だけ鍛えてしまって、体のバランスを崩

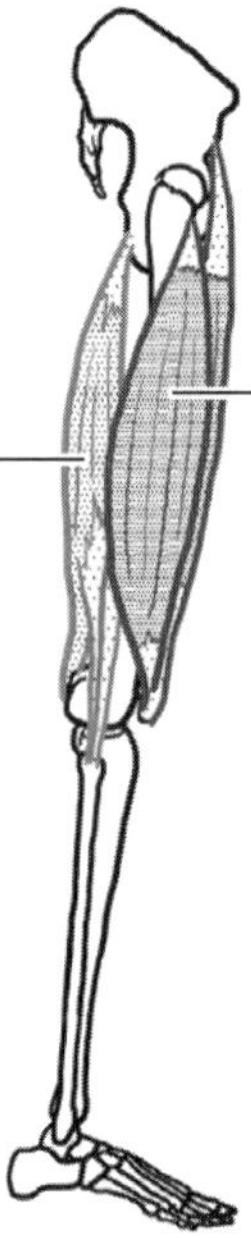

しがちです。昨今の筋トレブームも相まって、股関節を改善するどころか、痛みやケガを誘発してしまうことだってあるのです。

例えば、太ももの前側の筋肉である大腿四頭筋と、裏側の筋肉であるハムストリングスの関係です。人間の体は、大腿四頭筋のほうがハムストリングスよりもパワーがあるのがふつうです。そのバランスが崩れると、かえってケガのもとになります。

大腿四頭筋は「レッグエクステンション」、ハムストリングスは「レッグカール」という筋トレ種目が代表的です。スポーツジムでマシンを使ってこれらの種目を行う際、トレーナーが同じ重量に設定することはありません。大腿四頭筋を鍛えるレッグエクステンションのほうをより重い設定で行うのがふつうだからです。

ところが、大腿四頭筋よりもハムストリングスのほうがパワーが弱いと、「ハムストリングスをもっと鍛えなくては」と勘違いして、レッグカールばかり繰り返しやろうとする人がいます。これは、間違った体の鍛え方です。

自分に合った運動を選ぶリテラシー

動画サイトが老若男女問わず浸透し、気軽にトレーニングやエクササイズの情報が得られるようになりました。これはトレーナーとしてもうれしい流れですが、一方で間違った知識が広まってしまうという弊害も感じています。

情報を受け取る側のリテラシーが問われ、玉石混交のなかから自分に適した運動を選ばないと、効果が出なかったり、ケガにつながってしまったりするのです。

大腿四頭筋やハムストリングスなど特定の筋肉を鍛える種目を選んで、自己流でトレーニングをすると、多くの場合、機能的なバランスが崩れ、かえってトラッキングが不安定になったりケガの原因になったりするのです。

関節のトラッキングを正常化し、痛みを予防するためには、自分の体の状態に合ったトレーニングをしなければなりません。その場合の筋トレというのは、ジムでマシンを使うようなものではなく、立ったり歩いたり、立ち上がったりといった動作に近い状態で行うものです。そうすると、体の動きに必要な筋力がバランスよくつきます。

骨盤の「ゆがみ」とは「傾き」のこと

股関節のトラッキングが不安定になる要因の1つに、骨盤の「ゆがみ」があります。ここでいうゆがみとは、骨そのものがゆがんで変形しているのではなく、骨盤が前方に傾いたり後方に傾いたりする状態です。前者を「骨盤前傾」、後者を「骨盤後傾」といいます。

ゆがみの背景には、運動不足や活動量の低下による筋力や柔軟性の低下があります。骨盤には、大腿四頭筋やハムストリングスをはじめ、下肢の筋肉の多くが付着していますす。ですから、それらの筋肉が硬くなったり、力を出せなくなったり、バランスが悪くなったりすると、骨盤の向きも変わってしまうのです。

骨盤のゆがみは姿勢にも現れます。骨盤が過剰に前傾している人は腰を反った姿勢

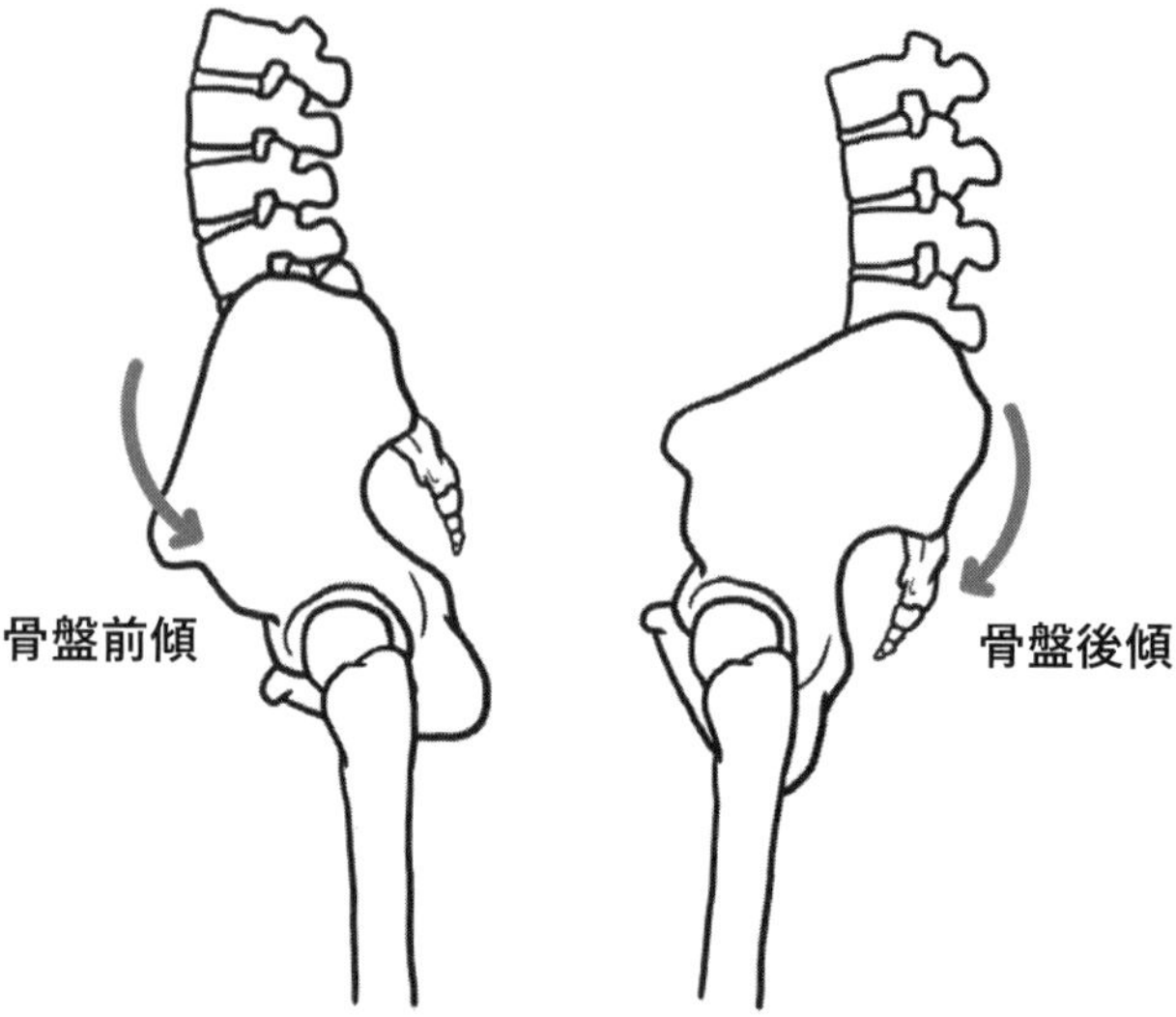

になりがちで、後傾している人はおなかの力が抜けた姿勢になりがちです。つまり、骨盤過前傾の人は、まっすぐ立っているつもりでも股関節が少し屈曲していて、骨盤後傾の人は逆に少し伸展しているのです。

骨盤が前傾している人の特徴

第1章では、人間の股関節は直立二足歩行に完全には対応できていない、という話をしました。まっすぐに立った状態だと、大腿骨頭の球状の部分が骨盤の寛骨臼から少しはみ出ていて、骨の形状という観点から考えると、四つん這いの姿勢のほうが安定するというわけです。

ところが、股関節の軟骨という観点から考えると、まっすぐ立った姿勢のほうが有利です。まっすぐ立った姿勢だと、股関節の軟骨が最も厚いところに圧力がかかるからです。ということは、骨盤が前傾して股関節が屈曲している人は、軟骨が薄いところに圧力がかかり、骨と骨がぶつかる衝撃で違和感や痛みが生じる恐れがあるということになります。

骨盤が過前傾している人にはどのような特徴があるでしょうか。まず、病気やケガなどで股関節を動かす機会が減ってしまい、屈曲した状態で固まってしまった「屈曲拘縮」の場合が考えられます。骨盤の前側にある大腰筋や腸腰筋が硬く縮んでしまい、骨盤が前に引っ張られて前傾するのです。デスクワークが多くて座りっぱなしの時間が長い人も注意が必要です。

ほかには、高いヒールの靴や厚底靴をよく履いている人も、骨盤が前傾しやすくなります。ヒールを履くと、かかとが上がり、骨盤も前に倒れます。そのままでは体が倒れてしまうので、上体を起こすために腰が反った状態になります。

「昔はヒールで歩くのがつらかったけれど、今はスニーカーより楽なんだよね」と言う人は、ヒールを履いた状態に体が適応した結果、反り腰の姿勢がふつうになってしまったのです。その状態が快適ならば問題ないように思われますが、体の構造から考えると、あとで股関節や腰、膝などを傷めるリスクもあります。

運動のしすぎでも傾く

もう1つ、骨盤が過前傾しがちなケースとして、「アスリート」が挙げられます。骨盤のゆがみは運動不足が原因と思われがちなのですが、実は運動のしすぎも問題になるのです。体の使いすぎによる疲労から筋肉に炎症が起き、硬くなる現象を「短縮」といい、筋肉量が多いアスリートにも起こります。

アスリートは、非常に長い時間にわたって、股関節が屈曲した状態で運動します。例えば長距離ランナーにも骨盤過前傾の選手は多く、それが仙腸関節周辺の疲労骨折の原因になっている場合があるのです。特に女性ランナーには、日本代表クラスの選手でも骨盤が過前傾してトラブルを抱えている人が多くいます。

いずれにせよ、股関節のトラッキングを正常にするためには、筋トレやストレッチなどの運動療法が有効です。ただ、骨盤の前傾や後傾の時間が長ければ長いほど、修正には時間がかかります。

40代～50代にもなると、長い年月によりすっかり染みついた体の使い方のクセを軌道修正するのは簡単ではありません。しかし、全身のバランスを見ながら、その人に合った運動に取り組めば、トラッキングを修正していくことは可能です。

階段を使わないとお尻が弱くなる

階段を使うと健康によいとよく聞きますよね。それでは、階段を上り下りしているとき、股関節にはどれぐらいの負荷がかかっているでしょうか？

答えは体重の6〜7倍です。階段の上り下りは、片方の脚だけで体を支える瞬間の繰り返しですが、1歩ずつ上り下りするたびにこれだけの重量が股関節にかかります。ちなみに、歩行時は体重の2〜3倍、走るときは3〜6倍で、ジャンプなら2〜4倍の負荷がかかります。階段の上り下りはなかなか負荷の高い運動だとわかります。

そのため、トラッキングが正常でないと、階段の上り下りで股関節に違和感や痛みが生じやすいのです。

このような症状があるならば、原因は股関節を支えるお尻の筋肉にあるのかもしれ

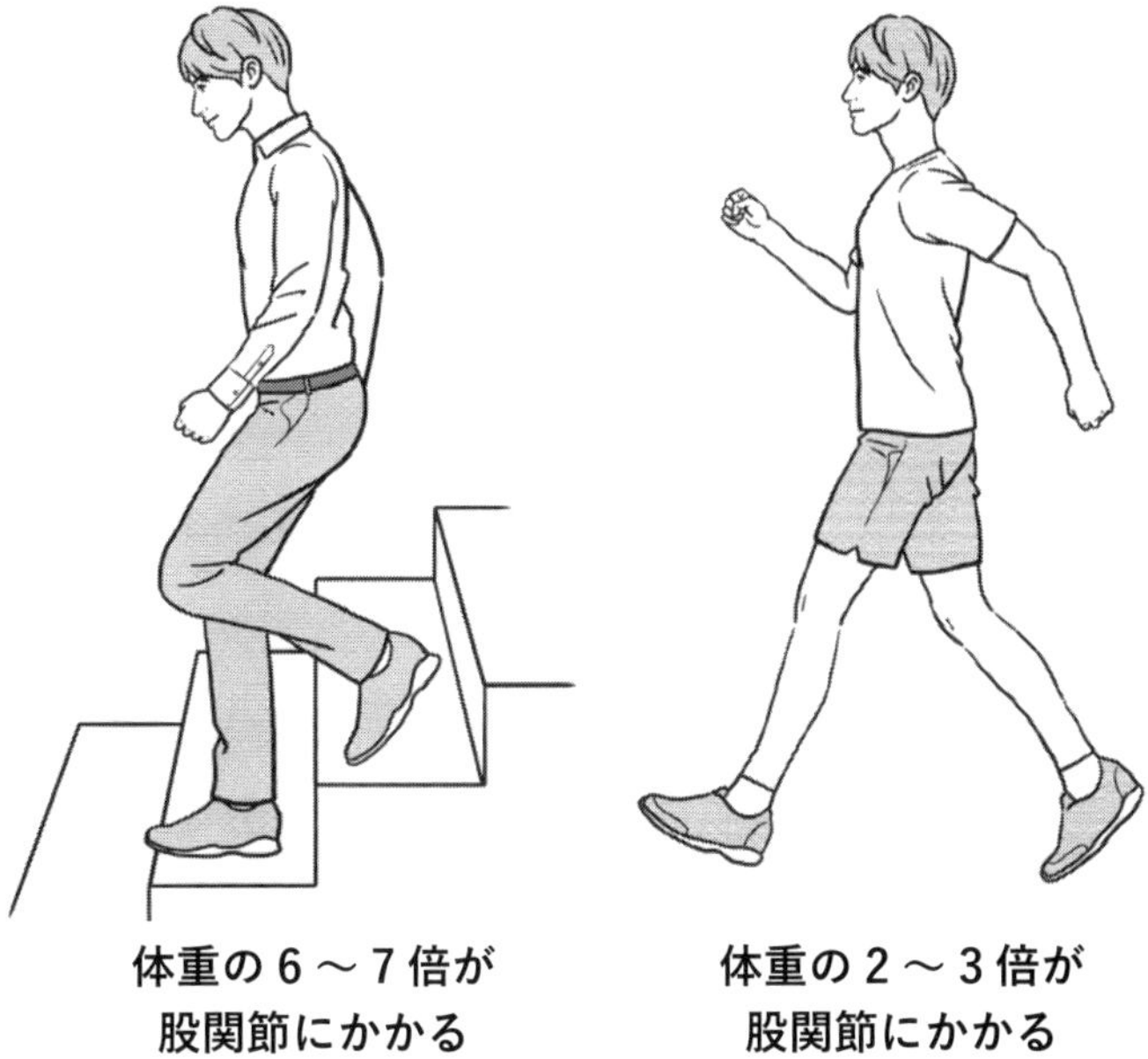
体重の6～7倍が
股関節にかかる
体重の2～3倍が
股関節にかかる

ません。

股関節は殿筋群に支えられている関節です。大殿筋は股関節の屈曲・伸展の動作で使われ、階段を上り下りするときや走るときは、片脚になっても倒れないよう骨盤を支えます。そして、骨盤が左右にぶれないように支えているのが中殿筋です。これらの殿筋群の働きによって股関節にかかる負担も軽減されます。

ところが、殿筋群は運動不足によって落ちやすいだけでなく、加齢によって硬くなりやすいという特徴があります。筋肉は、維持するだけでも多くのエネルギーを要する、燃費の悪い組織です。座りっぱなしの生活や下半身を使わない生活を送っていると、脳は下半身の筋肉を「不要」と判断し、殿筋群を含めた下肢の筋肉をそぎ落としていってしまいます。

その結果、若い人でも運動不足の生活を送っていると、老人のような薄く垂れ下がった「扁平尻」になってしまうのです。

「代償動作」が起こすトラブル

ある筋肉を使わない生活を続けていると、体はその筋肉を使わない動作に適応します。これは、「代償動作」の一種だといえます。

代償動作とは、障害や痛みがある部位をカバーしようと、本来、使わなくてもよいほかの関節や筋肉を使ってしまう動作のことです。これがクセになると、使われるはずだった関節や筋肉が、使われないことでどんどん弱くなり、柔軟性を失っていきます。逆に、代償動作で過剰な負荷がほかの関節や筋肉にかかると、炎症や損傷を起こし、やはり硬くなっていきます。つまり、代償動作は拘縮や異常なトラッキングの引き金になるのです。

イメージしやすいよう、スクワットの動きで説明しましょう。スクワットで腰を落とす際、股関節と足関節が正常に可動すれば、腰をしっかり沈めることができます。ところが股関節と足関節がうまく動かない、あるいはそこに痛みがあると、深くしゃがめません。そして体は何とか腰を沈めようとして、無意識に膝を内側に倒します。これが代償動作です。

膝が動きすぎてしまい、正常なトラッキングから逸脱しているため、膝の関節にかかる負担が増大し、ケガをするリスクも上がります。

歩くコースに階段を入れる

殿筋群を使わない生活を送っていると、代わりに過剰に働いてしまうのは、隣接する腰周りの筋肉です。運動に慣れていない人が殿筋群のトレーニングを始めると、必ずといっていいほど「腰が痛い」と言います。ふだんの生活ですっかりお尻を使わなくなっている証拠だといえます。

日常生活でも殿筋群を鍛えるために、まずは「階段生活」に切り替えてみましょう。

駅や商業施設などでエスカレーターを使わないようにする、横断歩道ではなく歩道橋を使うなど、できることからでＯＫです。

なお、「私は毎日2時間ウォーキングをしています」という中高年の方もいますが、平地を歩いているだけでは下半身に与える負荷は低く、残念ながら殿筋群の筋トレという観点では物足りません。しかも、歩行は同じ動作の繰り返しです。長時間のウォーキングでは使わない筋肉と使いすぎの筋肉の差が開き、かえって股関節を痛める原因になりかねないのです。

体を動かす習慣があることは素晴らしいことです。でも、「歩いた翌日は腰に違和感がある」という方は、ぜひ殿筋群にも着目しましょう。ウォーキングの途中でコースに歩道橋や長い階段のある神社などを組み込んでみるといいでしょう。

「痛み」にまつわる人体のふしぎ

私たちのようにスポーツの現場を見ているトレーナーにとって、日常的に起こる選手の痛みやケガに対処することも仕事の1つです。

股関節の痛みというのは、高齢者に起きるだけでなく、アスリートにも非常に多いものです。しかも、股関節は体の深部にあるので、目で見たり、触ったりして状態を確認することが難しく、非常にやっかいです。

股関節に違和感や痛みを訴える選手がいたとき、私たちは最初に「いつから痛むのか」と「どこが痛いのか」という質問をします。痛みに対して診断したり治療したりするのは医師の役割ですが、その程度によっては、私たちトレーナーにもできることがあります。

まずは痛みの発生時期ですが、数日内に起きた痛みであれば、「急性炎症」であると考えます。この場合、医師の診察を受け、固定したり投薬治療を行ったりしながら、安静に過ごします。患部にメカニカル（機械的）な刺激を加える運動療法を行ってはなりません。

一方で、数日から数カ月にわたって痛みが軽くなったり強くなったりを繰り返しているような場合は、運動療法で改善できる可能性が大きくなります。というのも、すでに炎症は沈静化しているはずで、何らかの原因で股関節に機能障害が起きていると考えられるからです。

違う場所に問題がある「関連痛」

痛みの場所については、私たちトレーナーは必ず、「具体的にどこが痛いですか？」という聞き方をします。すると、「ここが痛いです」と指で示せる人と、「大体、この辺です」と、手のひらの大きさくらいの範囲を示す人に分かれます。

指で痛い場所を示すことができる場合、その箇所に何らかの問題が起きている可能性が高くなります。一方、なんとなくこの辺が痛いという場合は、「関連痛」であるケースも非常に多いと考えられます。

関連痛とは、痛みを感じると訴える部位そのものには実は問題がなく、障害や損傷の起きている部位が少し離れたところにあるというものです。つまり、一見、関係のないところになぜか痛みが生じているわけです。

例えば、痛みの発生源は内臓や筋肉、関節など、深部にある組織なのに、皮膚のあたりに痛みがあると勘違いしてしまうことがあります。どうしてこのようなことが起きるのでしょうか。これを説明するメカニズムの1つとして「収束投射説」があります。

皮膚や筋肉から感知した深部感覚や、痛覚、温度覚などの情報は、末梢神経を介して「脊髄後角《せきずいこうかく》」によって脳に伝えられます。脳は過去の学習から、関節包などから来た信号と皮膚から来た信号を混同してしまい、関節の異常を皮膚の痛みとして認識してしまうことがあるのです。

実際に異常があった場所と脳が痛みを感じる場所が離れていると、痛みを訴える本人も、ぼんやりとしか痛みの位置がわからないようです。

代表的な関連痛としては、狭心症や心筋梗塞など心臓に異常があるときに、背中に痛みを感じるというものがあります。もっと身近な例としては、「かき氷を食べたらこめかみがキーンと痛む」というのも関連痛の一種です。これは「アイスクリーム頭痛」と呼ばれ、急に冷たいものが喉を通ることで、顔全体の痛覚の神経である「三叉《さんさ》神経」が刺激され、脳が「冷たさ」と「痛み」とを勘違いし、頭痛が起きたように感じます（ただし、アイスクリーム頭痛の場合は、急激に低下した口腔内の温度を上げるために血管が一時的に膨張して血流が増大し、痛みが起こるという説も有力です）。

股関節の痛みを勘違い

原因が股関節にあるのに、別の場所が痛むというケースもよくあります。

殿部や腰が痛い、坐骨神経痛になってしまったと思ったら、変形性股関節症だったということがわかったり。「太ももに痛みを感じる」というので大腿骨の疲労骨折かと思いきや、股関節周りの筋肉や骨盤の仙腸関節に原因があったり。

通常、股関節に問題があると鼠径《そけい》部に痛みを感じるのですが、体というのは思わぬところからＳＯＳ信号を発するのです。

また、関連痛の難しいところは、実際に障害が起きている部位と脳が痛みを感じている部位とが、ほぼ関係がないことです。それだけに、痛む場所から原因を特定するのは容易ではありません。

整形外科のドクターは、「痛みを感じている組織に何が起きているのか？」を診察し、治療することができます。つまり、筋肉や靱帯に起きた断裂や骨折、あるいは炎症や腫れなどは問題なく対処できるのですが、関連痛は痛みのある場所をレントゲンやエコーで見ても何も見つからないので、うまく診断ができないことも多いのです。

スポーツの現場では、関連痛については我々フィジカルトレーナーが対処する役回りとなります。ただし、過去に同じような例を見たことがあるなど、ある程度の経験がないとなかなか特定には至らないので、手ごわい痛みだといえます。

「動かない」から痛みが強くなる

股関節に強い痛みがある場合、当然のことながら病院で医師に診察してもらい、治療を受けなければなりません。

ところが、何度もお話しししているように、股関節はとても複雑な関節です。医師が診ても、すぐに痛みの原因がわかるとは限りません。整形外科のクリニックに行っても「もっと大きな病院で、ＣＴなどの画像検査をしましょう」と言われてしまうこともよくあります。

問題は、大きな病院で検査をするためには、予約を取らなければならないということです。場合によっては、数週間や1カ月も待たなければならないことだってあるでしょう。

寝ても覚めても股関節が痛くて、だんだん痛みが増しているようにも感じるのに、そんなに長く検査まで待たなければならないのは、非常に酷なことです。こういったケースでは、痛み止めの飲み薬などが処方されることが多いと思われますが、飲んでもあまり痛みが軽くならない場合だってあります。

強い痛みを抱えながら検査を待つ間にどうやって過ごしているのか聞いてみると、たいてい家にいて、じっと安静にしていると答える人がほとんどです。イスに座っているだけで痛いので、お尻の下に座布団を重ね、背もたれにクッションをはさんでいるのだけどもやはり痛い、とおっしゃる方もいます。

こんなとき、どうすればいいのでしょうか。実は、安静にしているだけでは痛みはひどくなることもあります。

ユラユラ体操

痛みがあれば体を動かせないと思うのがふつうです。特に検査を待っているような状態では、ほとんどの人がなるべく安静にしようとするでしょう。しかし、股関節は、

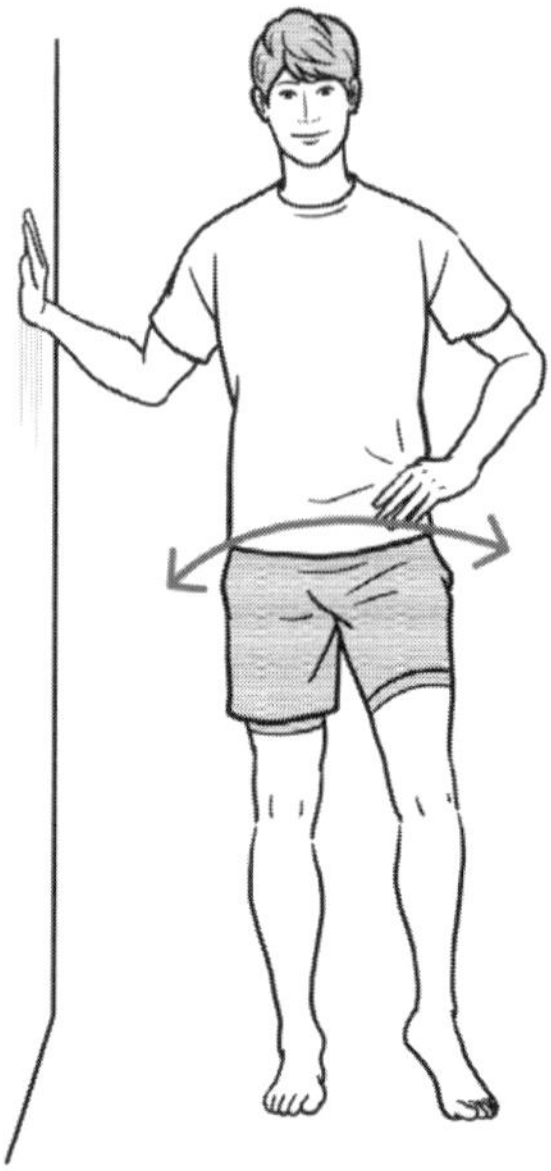

つま先立ち

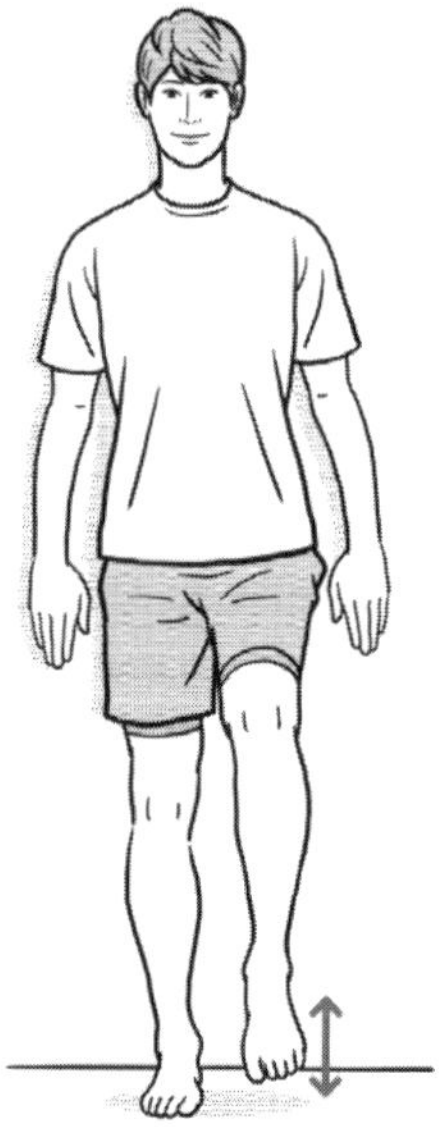

壁に寄りかかる

ずっと動かさずにしておける構造にはなっていません。同じ姿勢を続けていると、特定の部位に負荷がかかり続けることになります。それが原因で、さらなる不具合が起きる可能性だってあるでしょう。

そこでおすすめなのが、「ユラユラ体操」（▼p・31参照）です。立ったまま体や脚を小さく揺らすことで、股関節を少しずつ動かしていきます。

やり方は簡単。両脚で立ち、できるだけ骨盤を立てます。そして、片手を壁につき、一方の足をつま先立ちにして、腰を左右にユラユラと揺らしてみましょう。それから、壁に寄りかかり、片足を床から少しだけ浮かせて、その脚を股関節から小刻みにブラブラと揺らします。

これぐらいの動きであれば、靭帯や筋肉が損傷していたとしても、それが悪化してしまう危険性はありません。

大切なことは、座りっぱなしの生活をやめることです。立ち上がって体を揺らし、痛みが少しでも軽くなれば、日常生活のなかでほかにもできることが増えてくるでしょう。

坐骨の2点で体を支えるのはつらい

座りっぱなしは体に悪いと聞いたことがあるでしょう。長時間イスに座り続けると、どんなことが起こるのか、人間の骨格から説明してみましょう。

背筋をまっすぐ伸ばした状態で座っているとき、上半身の体重は、骨盤の一番下にある「坐骨」にかかるようになっています。股関節を構成する骨の図（▼p・24参照）を見てください。坐骨は左右2つあります。

背筋を伸ばしてイスに座ってみると、骨盤を前に傾けた状態（前傾）になり、左右

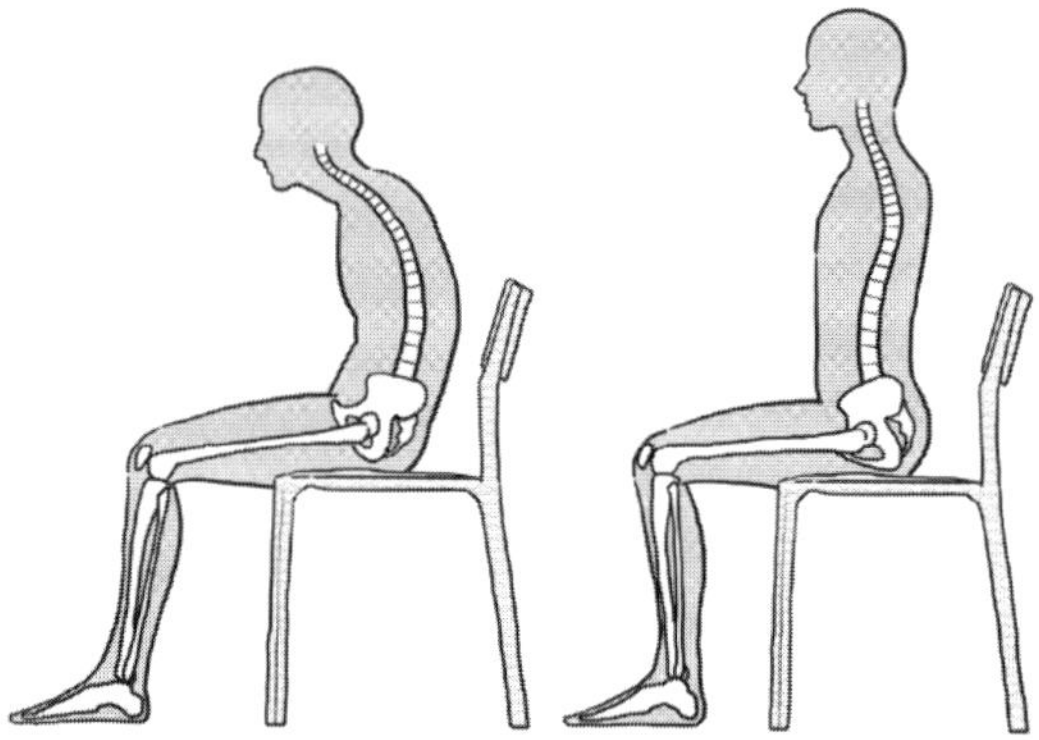

の坐骨に体重が乗るのがわかるでしょうか。２つの坐骨に体重が集中するので、体が倒れないよう、多くの筋肉を使いながらバランスをとって上半身を支えます。この姿勢を保とうとすると、おなかの周りや背中にも力が入ったり、筋肉が張ってきたりする感じはないでしょうか。

もしも、人間の坐骨が３つ以上あるならば、姿勢を保つことはもっと楽だったかもしれません。しかし、実際には２つしかないので、座り続けているといろいろな筋肉が使われて疲れてしまうのです。

疲れてくると体はどうするか。もっと楽をしようと、体重を乗せる「点」を増やそうとします。具体的には、背筋を曲げ、骨盤を後に傾けて（後傾）、骨盤の仙骨や尾骨にも体重が乗るように座るのです。

これで上半身の体重が乗るのが「3点以上」になり、一時的に楽になったように感じます。しかし、骨盤が後傾した状態を長く続けていると、股関節を形成する大腿骨頭と寛骨臼の位置がズレてきます。それにより、股関節の特定の部位に負荷がかかるようになり、不具合につながってしまうのです。また、背筋をまっすぐにしていたときに姿勢の維持に使われていた筋肉は、背筋を曲げて座ってばかりいると、だんだんと衰えてきてしまいます。

人間は歳をとると下半身の筋肉から衰えていくと聞いたことがあるでしょう。当然、お尻の筋肉量も減っていきます。お尻の筋肉とは、座ったときにクッションの役割をする「自前の座布団」ですから、それが薄くなってしまうと、背筋をまっすぐにして座ったとき、坐骨にかかる体重による負担が大きく感じられてしまうのです。それを解消しようと背筋を曲げて座ると、股関節の特定の部位に負荷がますますかかり、血流も悪化するという悪循環に陥ってしまいます。

座りっぱなしでいても、よいことは1つもありません。股関節に痛みがなくても、こまめに立ち上がり、ユラユラ体操をしてみてはどうでしょう。血流が改善され、リフレッシュできると思います。

「厚底シューズ」で股関節の故障が続出

今や長距離ランナーのスタンダートとなった「厚底シューズ」。その登場は、私たちトレーナーの仕事も大きく変えました。というのも、厚底シューズを使うようになってから、股関節を傷めるランナーが続出しているからです。

厚底シューズが市場に登場したのは2017年のこと。米国のスポーツブランドであるナイキによって開発され、瞬く間に世界の長距離陸上界を席巻しました。

厚底シューズが革新的といわれたのは、「スピードを上げるならば薄底シューズ」という陸上界の常識を覆したからです。かつては、「足裏で地面をつかむ感覚が大事」とされ、レベルの高い選手ほど軽量で底の薄いシューズを履く傾向がありました。その真逆を行く厚底シューズを履いたトップ選手たちが次々に記録を更新したため、あ

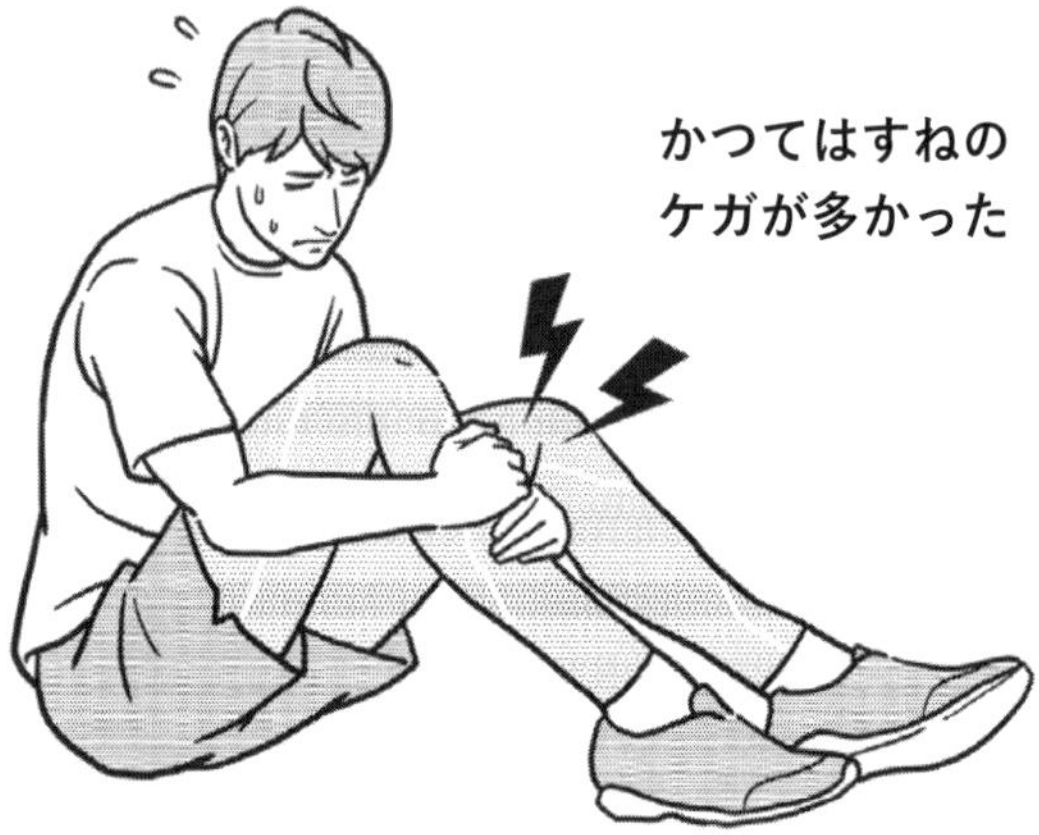

らゆるスポーツブランドが独自のテクノロジーを駆使して厚底シューズの開発に乗り出したのです。

一方で、厚底シューズによって、長距離ランナーの故障の部位も変わりました。以前は、すねの骨の周りにある骨膜が炎症を起こす「シンスプリント」が最も多く、それ以外も、ふくらはぎ、足底、アキレス腱といった下腿（膝から下）や膝などのケガがほとんどを占めていました。

ところが、厚底シューズの登場以降、大腿骨頸部や骨盤の仙腸関節など、股関節に関連した障害が明らかに増えていったのです。

股関節を伸ばしたまま着地

原因は厚底シューズに適応したランニングフォームや体作りがわかっていなかったことにあります。

厚底シューズの特徴は何といっても、地面からの強い反発力を生むカーボンプレートを搭載していることです。着地の際、カーボンプレートを上からグッと押しつぶすことで、強い反発力が得られます。それを前へと進む推進力につなげることで、ランナーはスピードに乗ることができるのです。

そのため、股関節をそれほど曲げずに脚を伸ばした姿勢を保ったまま着地し、カーボンプレートにしっかり体重を乗せて、その反発力を高めるのがコツです。従来の薄底シューズでは、股関節の屈曲・伸展を繰り返し、下腿を使って地面を蹴り出して体を前に押し出すようにして走っていました。

厚底シューズは、薄底よりも安定感が低く、股関節にかかる負担が増えます。ソールが厚くなれば重心が高くなり、足裏は地面から離れます。着地のたびに足元がグラッと揺れてしまうので、股関節の周囲にある筋肉や靭帯には、体を安定させるために過

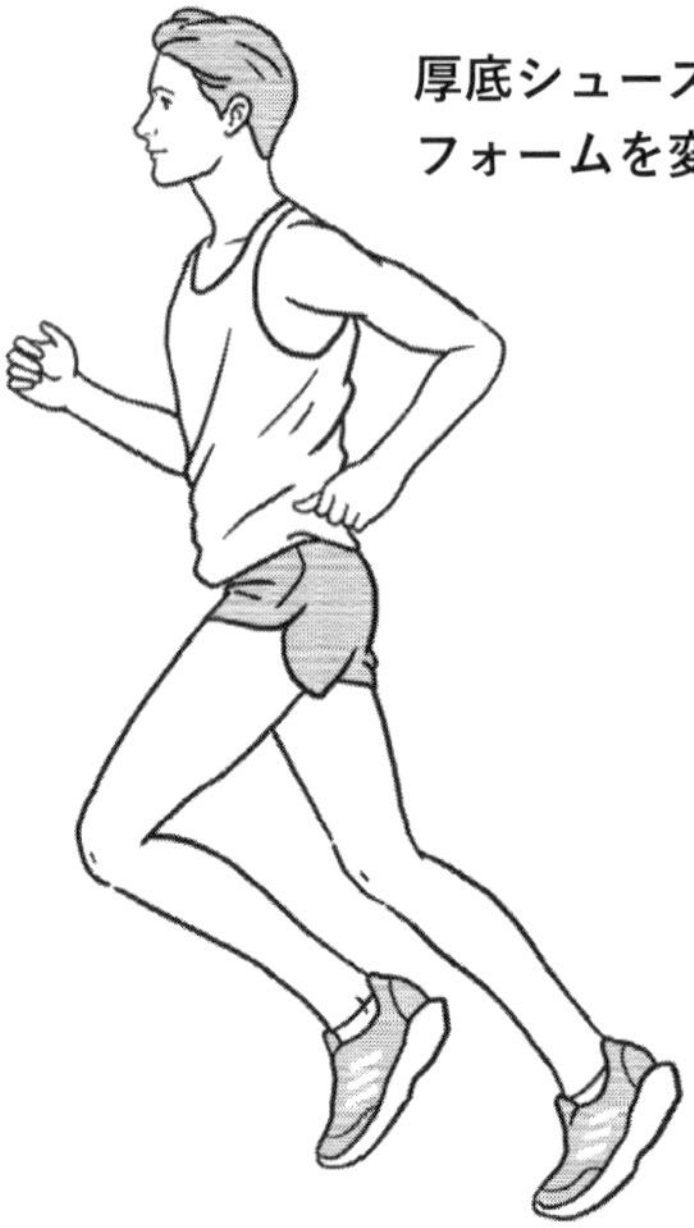

厚底シューズがフォームを変えた

剰な負荷が繰り返しかかります。これが積み重なると、股関節が疲労骨折を起こすこともあります。

厚底対策の筋トレ

私は2014年から青山学院大学陸上部長距離部門のフィジカルトレーニングを担当しています。お正月の箱根駅伝で青学大が活躍するのを見たことがある人も多いでしょう。2020年の箱根駅伝以降、青学大も多くの選手が厚底のシューズを着用するようになりました。

その結果、青学大の長距離選手たちも、フォームが明らかに変わり、股関節を傷める人が続出するようになったのです。

以前は、シンスプリントや足底筋膜炎、大腿骨の疲労骨折などが多かったのですが、仙骨の疲労骨折やお尻の筋肉の障害が増加するようになりました。日常的に内転筋群や中殿筋が張ると訴えるランナーも多くいます。

厚底シューズによる股関節のケガを減らすには、着地のインパクトに耐えられるよう筋肉を鍛え、骨盤をグッと安定させる力と技術が必要です。そのためには、ただ走り込んでシューズに慣れるだけでは難しい。青学大でも2年がかりで、厚底シューズに合わせた体作りを模索しました。

厚底シューズは「いいタイムが出る」と市民ランナーにも人気ですが、やはりケガをする人も非常に多い。せっかくよい道具を手に入れたのに、ケガをして走れなくなってしまったら、本末転倒ですよね。

青学大で行った厚底対策の具体的な方法については第3章で詳しく紹介します。

第3章

股関節を「うまく使えている」とはどういうことか

股関節をうまく使うための「柔らかさ」

スポーツ中継を見ていると、「この選手は股関節が柔らかく使えていますね」と解説者がコメントすることがあります。これは、選手が180度開脚できるような柔軟性があるという意味ではなく、「股関節をうまく（機能的に）使えている」ということを表現していると思います。

ジャンプして着地したり、足を前に出して踏み込んだりするとき、足には体重の何倍もの衝撃がかかります。この衝撃は足関節から膝関節、そして股関節へと順番に伝わっていきます。

股関節に衝撃が伝わったとき、その股関節は同時に上半身の重みにも耐えています。股関節をうまく使えているということは、上下からの負荷を股関節で柔らかく吸収し

野球選手は股関節をうまく使う必要がある

つつ、骨盤をグッと安定させることができるのです。すると、体があまりブレないので、スムーズに次の動作に移れる。スポーツ中継でいわれているのは、このような股関節の使い方でしょう。

もし、股関節がうまく使えていない場合は、上下から来る衝撃を受け止められず、よろけたり、転倒してしまいます。

柔軟性には2種類ある

股関節をうまく使うことは、アスリートだけでなく一般の人でも重要です。股関節が機能不全に陥っていたら、日常生活の動作もスムーズにはできず、つまずいたり転んだりすることもあるでしょう。

関節を動かしているのは筋肉なので、筋肉の柔軟性も関節の機能と無関係ではありません。特に股関節は関わる筋肉の数が多いので、そのうちどれかの柔軟性が損なわれることで、股関節がうまく使えなくなってしまうことがあります。関節にとってはバランスが重要なので、柔軟性に差ができると機能的ではなくなってしまうのです。

筋肉の柔軟性というと、「ストレッチ」が重要だと思う人も多いでしょう。一般的なストレッチは、正確には「静的ストレッチ（スタティックストレッチ）」といい、反動や弾みをつけずに筋肉をゆっくりと伸ばすものです。筋肉の柔軟性のバランスが大切なら、静的ストレッチをまんべんなくやって、いろんな筋肉を柔らかくしていけばいいのでしょうか。

実は、話はそんなに簡単ではありません。筋肉の柔軟性には、2つの種類がありま す。1つは、手や道具など何らかの補助によってどれくらい伸ばせるかを見る「生理的柔軟性」。もう1つは、そういった補助がなくてもどれくらい伸ばせるかを見る「機能的柔軟性」です。

生理的柔軟性　　機能的柔軟性

例えば、太ももの裏側の筋肉であるハムストリングスの生理的柔軟性を調べるには、あお向けになり、片脚を上に持ち上げ、両手でその膝の裏を押さえます。これにより、筋肉がどれくらいまで伸ばせるかがわかります。しかもこのポーズは、そのままハムストリングスの静的ストレッチになっています。

一方、機能的柔軟性を調べるには、手で押さえるということはしません。立った状態で、片脚を前に突き出してまっすぐ伸ばします。こうすることで、日常生活やスポーツなどの実際の場面において、筋肉がどれぐらいの柔軟性を発揮できるかを見るのです。

機能的柔軟性を動きのなかで生かす

スポーツにおいては、生理的柔軟性だけあってもだめで、機能的柔軟性が必要になります。一連の動きのなかで発揮される柔軟性が重要だからです。

例えばランナーが走っている最中に、太ももの前側にある大腿四頭筋が収縮しても、裏側のハムストリングスが十分に伸びてくれないと、ストライドが広がらなくてスピードが上がらないだけでなく、肉離れなどのケガを起こしたりします。走りながら手で押さえてハムストリングスを伸ばしたりしないので、機能的柔軟性が求められるのです。これはスポーツだけでなく日常生活の動作でもいえることでしょう。

また、機能的柔軟性を生かすには、いろいろな筋肉を連動させることが大切です。動きのなかで筋肉を伸ばすのですから、その動作に関わる筋肉が力を出さなければうまく伸びないのです。

例えば、野球の投球という動作では、片方の足に体重を乗せてから、両足を広げ、それから前に踏み出した足へと体重を移します。このとき、首、腰椎、膝、そして足が安定すると、それらの間にある股関節がスムーズに働き、腰もうまく回転できます。

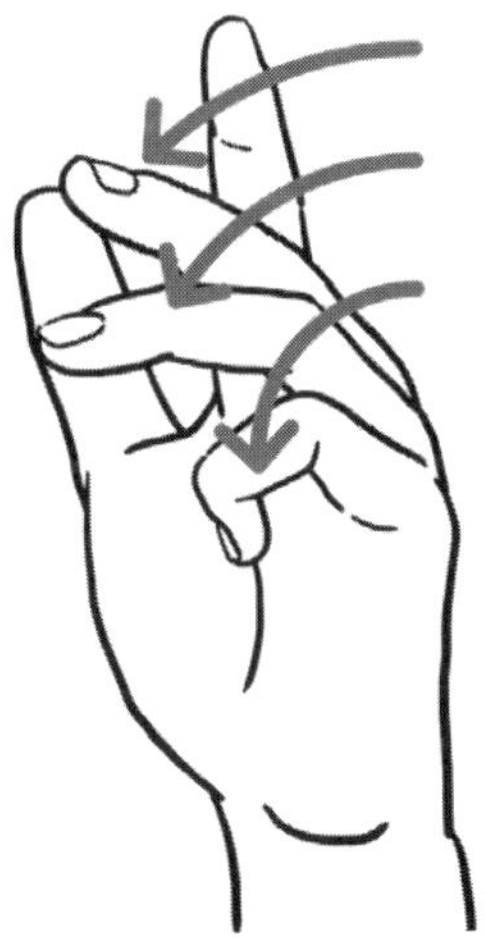

キネティックチェーン

そうやって投げたボールにパワーが乗せられるのです。

機能的柔軟性は、動きのなかで発揮する柔軟性なので、静的ストレッチだけを繰り返しても向上しません。実際にその動きを繰り返しながら、筋肉を連動させることも体に覚えさせていきます。ただ、そもそも生理的柔軟性が足りないのであれば、機能的柔軟性も発揮できないので、静的ストレッチにまったく意味がないわけではありません。

なお、少し余談になりますが、動きのなかで機能的柔軟性を発揮する際にもう1つ重要なのは、一連の動作のなかで正しい順番とタイミングで関節を動かしていくということです。これを専門的な言葉で「キネティックチェーン」といいます。

私はキネティックチェーンについて説明するときに、自分の手の指を端から順番に折り曲げていきます。もし、小指の次に薬指ではなく中指を折り曲げてしまったら、正しいキネティックチェーンとはいえません。これと同じで、野球の投球も、正しい順番で関節を動かしていかないと、正しいフォームにならないでしょう。

つまり、機能的柔軟性とキネティックチェーンの両方が、スポーツでパフォーマンスを発揮するために重要なのです。

上半身を安定させる「インナーユニット」

股関節をうまく使うことができれば、違和感や痛みを予防することにつながります。そのためには、上半身を安定させて股関節にかかる負担を減らすことも大切です。

人体における股関節は、上半身と下半身をつなぐ「要」の部分。建築物でいえば、「土台（基礎）」に相当します。この場合、上半身は地面の上にある建物、下半身は地盤やそこに打ち込まれた杭になるでしょう。

建物が揺れやすくグラグラしていると、土台に大きな負担がかかります。一方、構造がしっかりしている建物はグラグラしないので、土台への負担も少なくなりますよね。人間の体も同様です。上半身が安定すると、土台である股関節にかかる負担も減ります。

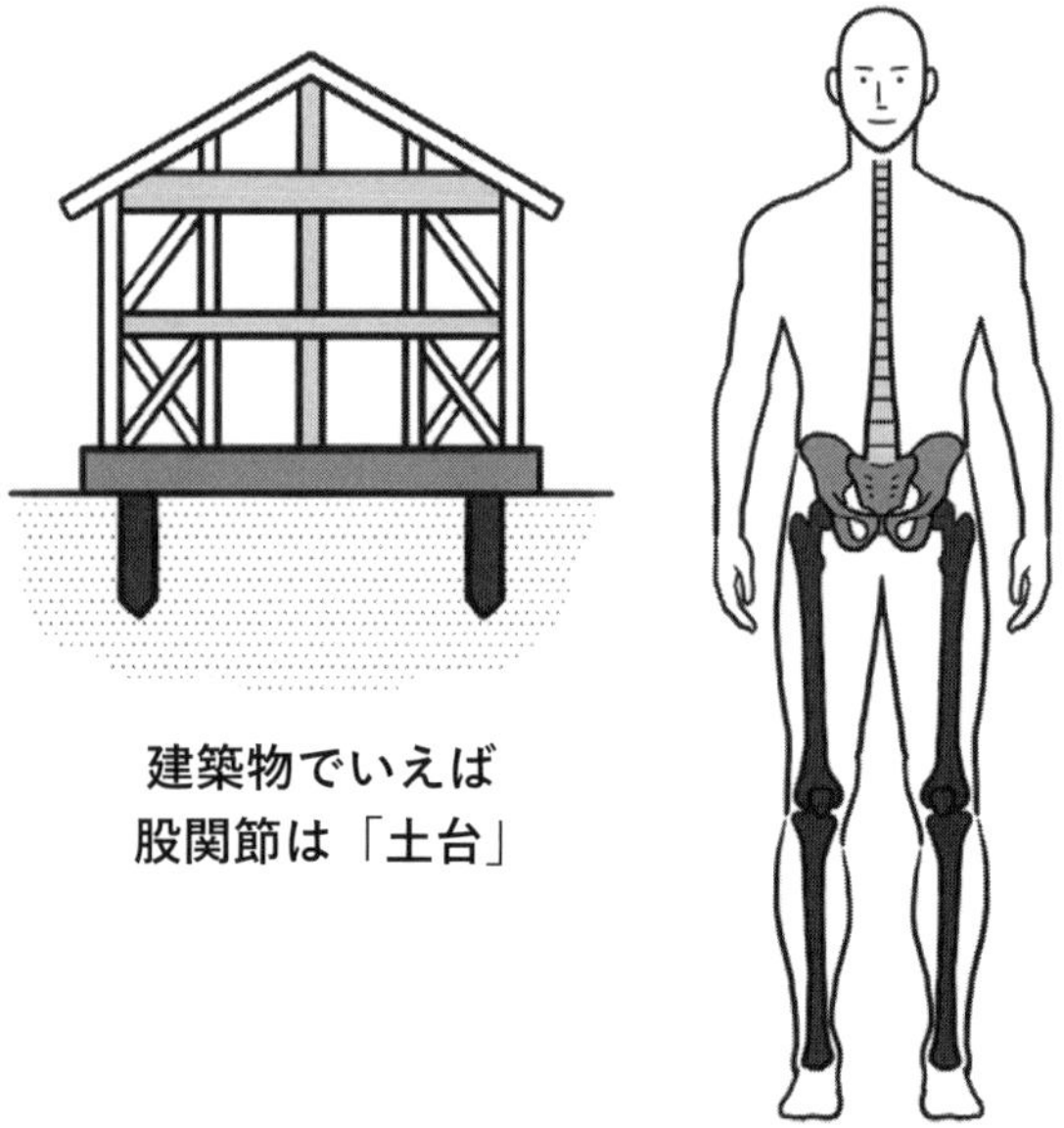

それでは、どうすれば上半身を安定させることができるでしょうか。

上半身を安定させるには、「インナーユニット」の活用が鍵を握ります。インナーユニットとは、胴体の深部にある、横隔膜、腹横筋、多裂筋、骨盤底筋群で構成される筋肉群の総称です。これらの筋肉群は、膜のような形状をしていて、内臓の詰まった「腹腔《ふくこう》」を引き締め、安定させる働きがあります。

腹腔とは、肋骨の下から骨盤までの間のことで、肝臓や腎臓、胃、小腸、大腸などの臓器が収まっています。インナーユニットとは、これらの臓器を内側で支えるカゴ

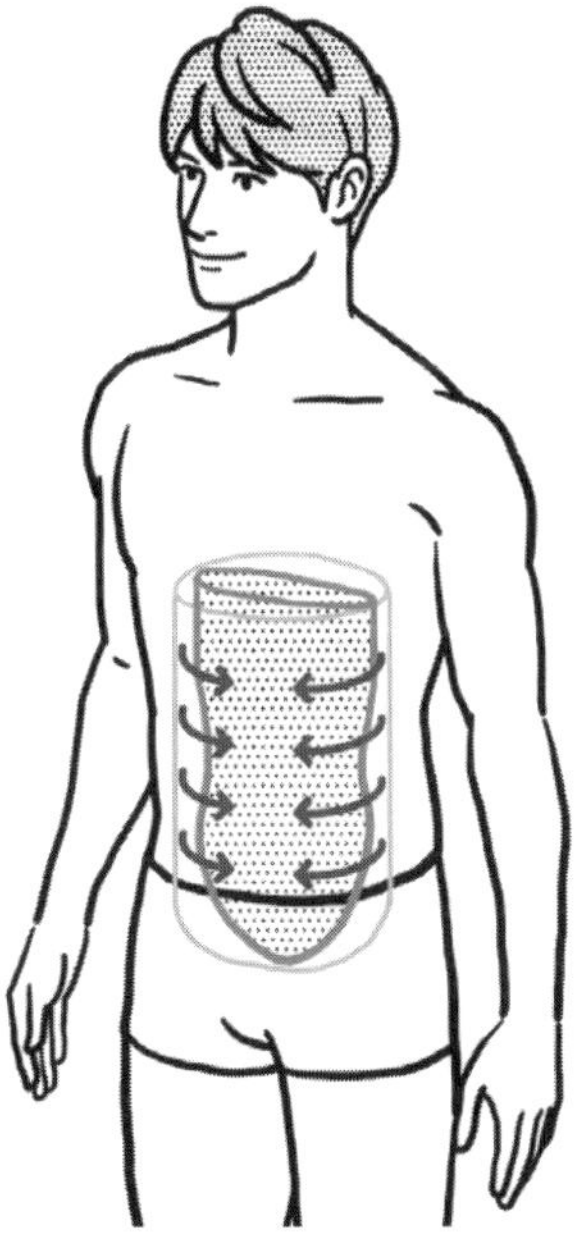

のようなものだとイメージしてください。
インナーユニットは、「コア」とか「体幹」とも呼ばれます。そして、インナーユニットを鍛えて使えるようになるには、いわゆる「体幹トレーニング」を行うとよいのです。
また、インナーユニットの外側には、「アウターユニット」があります。これは、胴体の表層にある腹直筋、腹斜筋群、広背筋で構成されています。一般的な腹筋運動などの筋トレで鍛えられるのはこのアウターユニットです。

ドローインの習得が第一歩

インナーユニットは、ふだんは意識しな

いものです。これを作動させて力を発揮させることを、「コアを入れる」などといいます。インナーユニットを使えるようになると、体を芯から支えられるようになり、上半身が安定します。

そのための第一歩が、インナーユニットの大部分を占める腹横筋の働きを促す呼吸法である「ドローイン」の習得です。肋骨と骨盤の間をぐるりと覆う腹横筋は、ドローインによって、まるでコルセットのようにおなかを横から引き締めてくれます。

ドローインは、意識的に息を吐くことで、腹横筋の引き締める力を促します。すると、筋肉でできたカゴであるインナーユニットが平らにグッと引き締まり、腹腔に上半身を支える芯ができるのです。ドローインがうまくなると、必要なときにいつでもインナーユニットを入れて上半身を安定させられます。

もしドローインをまだやったことがないのであれば、一番基本的なやり方として、あお向けになって行うことをおすすめします。

あお向けになり、両膝を立てます。まずは5秒間、息を吸いながらおなかをふくらませていき、同時に腰を大きく反らします。腹腔を大きく広げるイメージで息を吸い

5秒間息を吸って
おなかをふくらませ
腰を反らせる

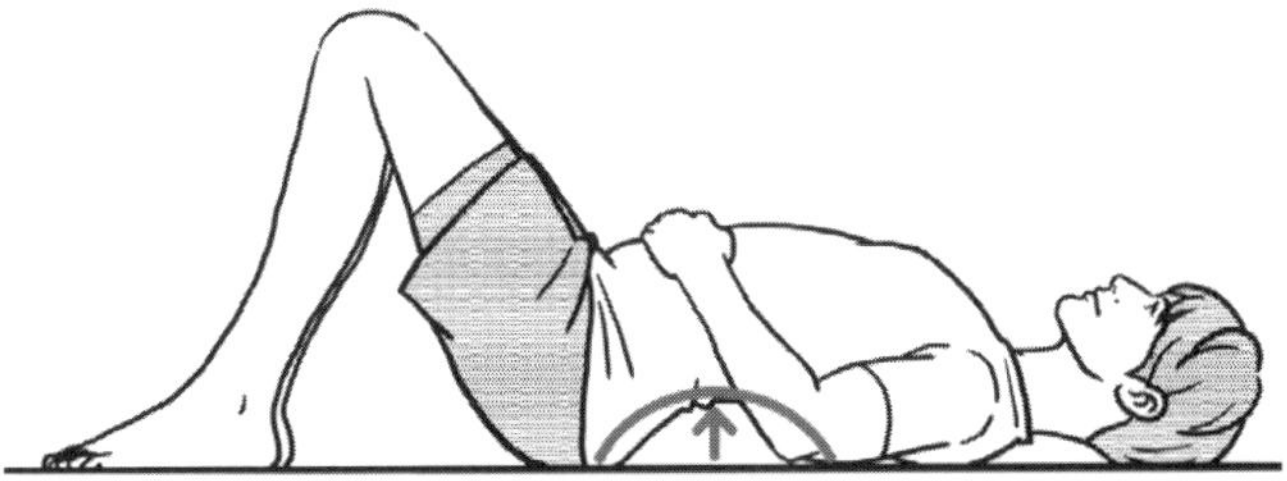

5秒間息を吐いて
腰を床に近づけていく

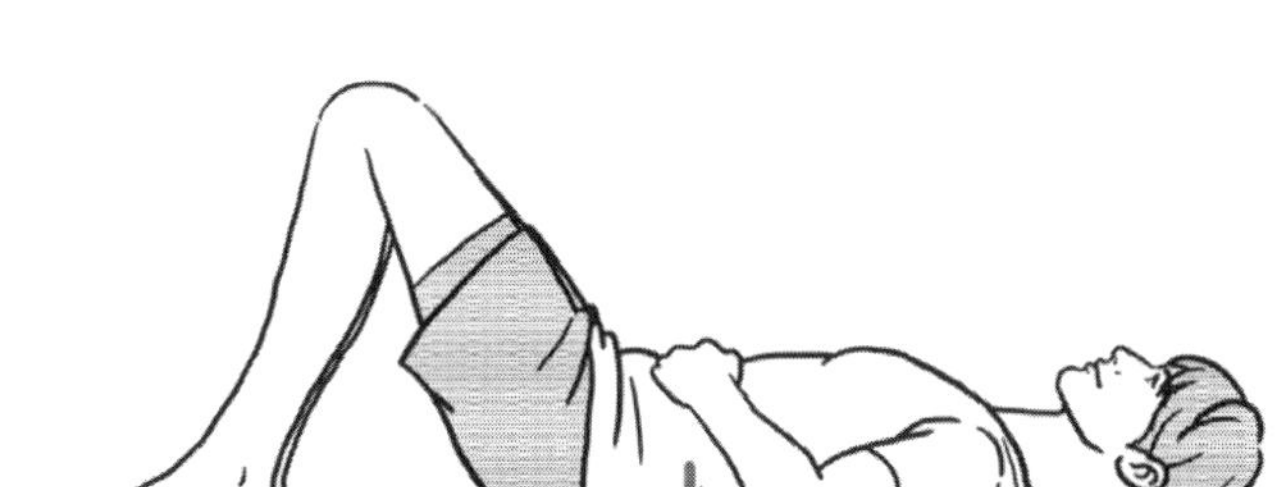

続けましょう。

続いて、5秒かけて口から息を吐いていき、腰と床の間が手のひら1枚分のすき間になるまで、腰を床に近づけていきます。

このとき、腰を動かすのではなく、息を吐くことで自然と腰が床に向かっていくイメージで行ってください。また、腰を床にべったりつけるのはNGです。

ポイントは2つ。息を吐くときに、腹直筋があまり硬くならないようお腹をゆるめたまま行うこと。そして、肛門や膣を締めながら息を吐くことです。こうすることで、骨盤底筋群も鍛えることができます。

ドローインは意識的にインナーユニットを使い、上半身を安定させる技術です。回数を重ねるほどうまくできるようになるので、繰り返しやってみてください。この体勢で楽にできるようになったら、今度はあお向けで膝を立てずに両脚を伸ばした状態でやってみましょう。

それが楽にできるようになったら、上半身がより不安定になる体勢でのドローインにチャレンジしてみてください。四つん這い、膝立ち、立つ、という順番です。難易度を上げていくことで、どんな体勢でも自在にインナーユニットを作動させるスキルを習得することができます。それぞれの段階でも先ほど挙げた2つのポイントを守り、じっくり取り組んでいきましょう。

さらに、仕事の合間、イスに座っている体勢でドローインを行ったり、電車での移動中など手持ち無沙汰な時間を活用して取り組んでもいいでしょう。

また、ドローインをはじめとする体幹トレーニングについては、拙著『世界一効く体幹トレーニング』（サンマーク出版）に詳しいので、興味を持った方は参考にしてください。

登山でもインナーユニットを活用

インナーユニットが使えるようになると、日常生活やトレーニング、スポーツなど、さまざまな場面で股関節の負担を減らせるようになります。

例えば、登山が趣味の方は、インナーユニットが使えるようになることで、股関節の負担を減らして痛みや違和感を予防することができます。登山は実は、股関節への

負荷が大きいアクティビティなのです。

山に登るときは、荷物をたくさん詰めたリュックを背負って行くことが多いですよね。リュックは物がたくさん入りますし、背負っているときは両手が空きますので、便利だと感じる人は多いでしょう。しかし、リュックを背負っていると、どうしてもその重みで上体が後ろに引っ張られます。そのため、ひっくり返らないように股関節を曲げて、上体を前に倒すことでバランスを取ろうとします。前かがみの姿勢のまま脚を上げる動作を繰り返すため、常に股関節に過剰な負荷がかかるのです。

加えて山道は足元が不安定で、登山靴は

ソールが厚い。マラソン用の厚底シューズと同様に重心の位置が高くなるので、股関節にかかる負荷がさらに増します。

以上のことから、ドローインは登山が趣味の方におすすめです。

また、ヒールの高い靴を日常的に履いている方も、重心が高くなって股関節に負担がかかります。インナーユニットを活用して、少しでも負担を減らせるようにしましょう。

ランナーの実力を左右する股関節の使い方

長距離ランナーは、股関節がうまく動かないとパフォーマンスが低下します。ここでいう「うまく動かない」とは、ふだんの生活では問題がなくても、走るときに機能的に使えていないという状態です。

影響が出やすいのは、脚のストライドを広くしようとするタイミングです。「ここでスピードを上げよう」と思っても、股関節がうまく動かなかったり、痛みや違和感があると、それだけで持てる力の６〜７割程度しか出せなくなるのです。

実は、すねの障害であるシンスプリントでも、ここまでのパフォーマンスダウンはありません。このことからも、いかに股関節が走りに与える影響が大きいかがわかります。

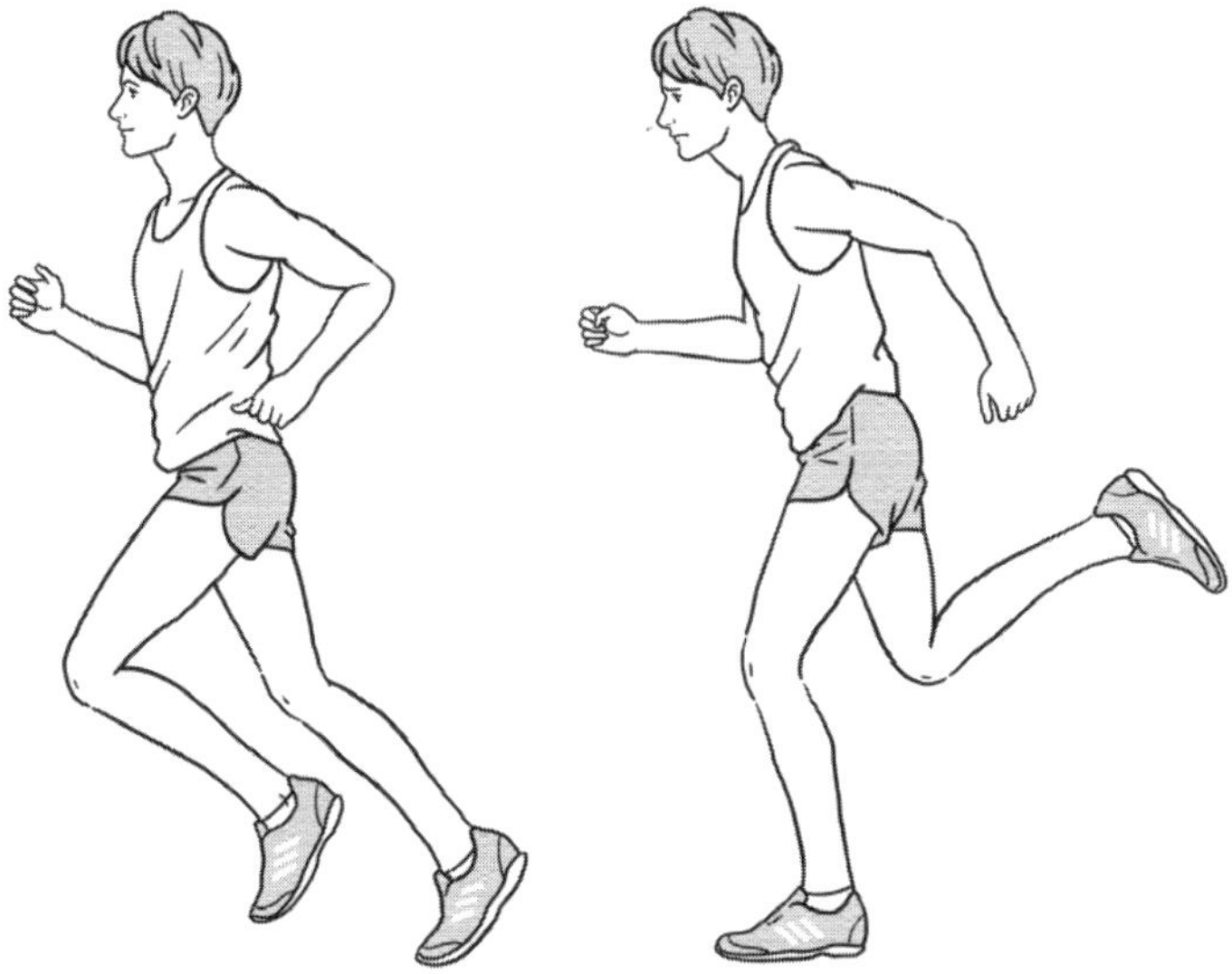

インナーユニットを使って走る

股関節をうまく動かせるようになるためには、股関節に適度な可動域を確保し、着地の際に体を安定させる筋力をつける必要があります。

練習してもなかなかタイムが伸びないと悩んでいる方は、股関節の機能不全も疑ってみましょう。特に女性ランナーは、股関節がうまく動かないことによってパフォーマンスが発揮できない、または自己ベストが更新できない、という方も多いのです。

なお、股関節が機能的かどうかを確認するには、本書のアセスメント（▼p・28参照）が参考になります。

インナーユニットを使って上半身を安定させることも大切です。上半身が安定し、股関節への負担が減少することで、パフォーマンスが発揮できます。インナーユニットが入らないと、フォームが崩れ、だらけた走りになり、疲労感も増してしまいます。

走っている途中でインナーユニットが入らなくなることもあります。例えば、いつもより速いペースで無理をして走っていると、突然インナーユニットが作動しなくなることがあるのです。

ランナーが上半身を安定させるためには、インナーユニットだけでなく、表層にあるアウターユニットの強化も必要です。また、骨盤を支える大殿筋などの殿部も鍛えなければなりません。

インナーユニットがグッと入った状態で、脚を運び、着地の時に殿部で骨盤を安定させ、腕を振るなどの動作ができる体作りこそが、ランナーが目指すべきゴールです。

厚底シューズのコツは股関節を「曲げない」

厚底シューズを使用する選手たちに、練習のあと「どこに疲労を感じる？」と聞くと、「大腿四頭筋と殿筋群です」と答えるランナーと、「ハムストリングスです」と答えるランナーに分かれます。

前者は、厚底シューズの特性をうまく使えている選手、後者は使えていない選手だといえます。厚底と薄底では、走るときの筋肉の使い方が異なるため、疲れの出る部位にも違いが現れるのです。

薄底シューズの場合、足が着地したあとで、後ろに流れた脚の膝をポンッと畳み込むのがポイントになります。脚をきれいに素早く畳み込むと、それだけ次の一歩が大きく、素早く前に出るからです。そして、きれいに畳み込むには、太ももの裏の筋肉であるハムストリングスの筋力と瞬発力が必要です。そのため、走ったあとはハムストリングスに疲労を感じます。

一方、厚底シューズの場合、ソールに搭載されたカーボンプレートの反発力によって、勝手に脚がポンッと畳み込まれます。つまり、ハムストリングスの力にそこまで頼る必要がありません。ですから、厚底シューズで走ってもハムストリングスが疲れるという選手は、厚底の特徴を生かせず、薄底シューズのフォームのまま走っているといえるのです。

大腿四頭筋や殿筋群で衝撃を吸収

厚底シューズの場合、スピードを上げるためのポイントは、足が着地したときにカーボンプレートにしっかり体重を乗せて踏むことです。その際、大腿四頭筋を使って地面からの反発力を最大限、推進力へと生かします。そして大殿筋や中殿筋などの殿筋群が、着地の衝撃をしっかり吸収する役目を担います。その結果、大腿四頭筋と殿筋群が疲れるのです。

また、私が見た選手のなかでは、厚底シューズをうまく使いこなせるかどうかは、体重や筋肉量も影響しています。

カーボンプレートにうまく体重を乗せて真上から強く踏みつければ、強烈な反発力が生まれ、地上から脚が浮いている時間も長くなります。地上から脚が浮く時間が長くなるほど、推進力によって前に進むので、強く踏み込むための体重や筋肉量があると有利に働くと考えられます。

さらに、男子よりも女子の選手のほうが、厚底シューズをうまく使いこなせていない印象があります。これもおそらく、男子よりも女子のほうが体重が軽く、筋肉量も少ないことが影響しているのだと思われます。

筋肉の「連動」を体に覚えさせる

私がフィジカルトレーニングを担当している青山学院大学陸上部長距離部門は、よく知られているように、箱根駅伝でも素晴らしい成績を残している強豪です。そんな青学大のチームでも、厚底シューズに対応するためのトレーニングを試行錯誤しながら取り組んできました。

そのなかで、厚底シューズを生かしてタイムを伸ばし、かつ故障しない走りを実現するには、筋トレの方向性を大きく転換する必要があると気づきました。

従来の薄底シューズでは、上半身を安定させて股関節の負荷を減らすために、体幹トレーニングを行っていました。しかし厚底シューズでは、股関節を曲げずにグッとソールに体重を乗せる必要があり、そのためには下半身の大きな筋肉も鍛えなければならなくなったのです。

そこで、大腿四頭筋と殿筋群を重点的に鍛えることにしました。それも、ただ高重量のウエイトを使ったトレーニングでこの2つの筋力をアップするだけではありません。エンコンパスというマシンを使って、「ファンクショナルトレーニング」に取り組んだのです。これは、殿筋群や背中の広背筋などほかの筋肉とも連動させる使い方（コーディネーション）を体に覚えさせることが目的でした。広背筋などと連動できれば、殿筋群に過剰にかかる負荷を分散させることができるからです。これらの筋トレは、選手ごとに個別にプログラムを作成しました。

厚底シューズに適した
フォームの習得

エンコンパスによる
トレーニング

こうしたトレーニングによって厚底に対応したフォームが安定すると、タイムが伸びるだけでなく、中殿筋の張りや仙骨の疲労骨折というトラブルもグッと減少しました。

当初は厚底シューズに関する情報やエビデンスが少なく、手探りのなかでの取り組みでしたが、選手たちはがんばってくれました。フォームを変えることは、選手たちにとって肉体的な負担が大きいだけでなく、恐怖も伴います。そんななか第１００回箱根駅伝を圧倒的なタイムで優勝したことは、誇らしい限りです。

ほかの厚底シューズとは一線を画すモデル

さて、厚底シューズは年々進化していますが、現時点での私のイチオシはアディダスの厚底シューズである「ADIZERO ADIOS PRO EVO 1」です。

足を入れた瞬間、「これはスゴイ！」と衝撃を受けました。ほかのシューズとは一線を画しています。

厚底シューズは、足が着地するときに、いい位置に体重が乗らないと、うまく跳ね上がることができず、推進力として十分に生かし切れません。ところがＥＶＯ１は、足の位置が多少ズレても、路面の状態が変わっても、ちゃんと跳ね上げてくれます。反発の特性を生かせる範囲が広く、しかも、片足で１３８ｇと驚異的に軽い。レースも後半に入ると、疲労から着地の位置が後ろにズレていきます。それだけに、勝負やタイムにこだわるランナーにとって、非常に魅力的なシューズといえるでしょう。

ただし、ＥＶＯ１は耐久性が低く、わずか２００㎞程度しか走れないというのが難点。しかもランニングシューズとしてはかなり高額です（約８万円、２０２４年９月現在）。ほとんどの市民ランナーにとっては、まさに高嶺の華でしょう。だからこそ「一度は履いてみたい！」という気持ちをかき立てられますよね。

ふくらはぎで走るランナーに足りないもの

都内でも指折りのランニングスポットといえば皇居です。私もたまに走りに行きますが、仕事柄、ついランナーたちのフォームに注目してしまいます。

よく目にするのが、ふくらはぎがパンパンに張っているランナーです。そのフォームは、股関節の可動域が狭く、膝より下を使って走るのが特徴です。

股関節を大きく使った走りは、下半身の大きな筋肉である大殿筋や大腿四頭筋、ハムストリングスを使い、グングン前に進みます。対して膝の下を使って走る場合、サイズの小さなふくらはぎの筋肉をフルに使い、大きな筋肉の働きを補います。すると、大きな負荷がそこにかかるため、いつの間にかふくらはぎだけがパンパンに肥大してしまうのです。

しかし、走っている本人はおそらく、膝の下を使って走っているほうが楽に感じるのでしょう。股関節を使った走りは、下半身の大きな筋肉を動かさなければならず、必要なエネルギーの消費量も多くなります。

特に、走り慣れていない人や、下半身の筋肉量が少ない人、持久力の低い人などは、無意識のうちに歩幅（ストライド）を狭くし、膝の下を使ってちょこちょこと走る「省エネフォーム」になってしまうのだと思います。

筋肉に刺激を入れて目覚めさせる

ただ、卵が先か鶏が先かという話になりますが、だんだん走力が上がってくると、結果的には股関節と大きな筋肉を使って走るほうがスピードも出しやすいし、楽になります。ダイエット目的でジョギングをするのであれば、それこそ効率よくエネルギーを消費できるので、股関節を大きく使って走るほうが間違いなく効果的です。

股関節を使う走り方ができるようになるためには、股関節の可動域を広げたり、下半身の筋力をアップしたりする必要があります。なかには、走り慣れてくると自然と歩幅が広がってくる人もいます。

ところが、股関節の可動域や下半身の筋力には自信があるのに、なぜか股関節を大きく使った走りができず、相変わらずふくらはぎが張っている……という人もいます。つまり、大きな筋肉がうまく使えていないのです。

このような場合におすすめしたいのが、「アクティベーション」です。アクティベーションは、ウォーミングアップのときに眠っている筋肉に刺激を入れ、目覚めさせる手法です。動かしたい筋肉に5〜6回刺激を入れると、自然とその筋肉が働かせられるようになります。筋肉を鍛えることが目的ではないので、それほど強い負荷をかける必要がなく、回数も少なくていいのです。

股関節をよく動かすためには、大殿筋や中殿筋に刺激を入れるといいでしょう。そのためには、「ヒップリフト」がおすすめです。

ヒップリフトはメジャーな筋トレなので、ネットで検索するとやり方がすぐに出てきます。アクティベーションが目的なら、片足で行うヒップリフトがおすすめです。あお向けになり、片方の膝を立てて、もう片方の脚は膝を軽く曲げて高く上げて行いましょう。そして、足の裏で床を押しながら、4秒かけてお尻を持ち上げ、4秒かけてお尻を床に下ろします。

左右とも5回ずつ、走る前のウォーミングアップに加えると、骨盤が安定して歩幅が広がる感覚が得られます。

また、ドローインも、ウォーミングアップのときにアクティベーションとして取り入れると、走り始めのときにインナーユニットが無意識に使えるようになります。体が安定して動かしやすくなり、腰への負担も少なく感じられるでしょう。

靴底でわかる
その人の姿勢と股関節

フィジカルトレーナーとしてクライアントの指導をする際には、その人の「靴底」が参考になります。靴底の減り方を見れば、ふだんどこに体重を乗せて歩いているのかがわかり、体の使い方のクセが見えてくるからです。

靴底と同様に、足の裏を見てみると、マメができている位置や皮膚の厚みから、やはり体重の乗せ方がわかります。

歩いているときの体重の乗せ方は、そのままふだんの姿勢に反映されます。ここでは、代表的な4タイプの靴底の減り方と、その典型的な姿勢を紹介しましょう。靴底なんてまじまじと見たことがないという人は、履き慣れた靴の裏を見てみてください。自分の歩き方や姿勢と向き合うきっかけになります。

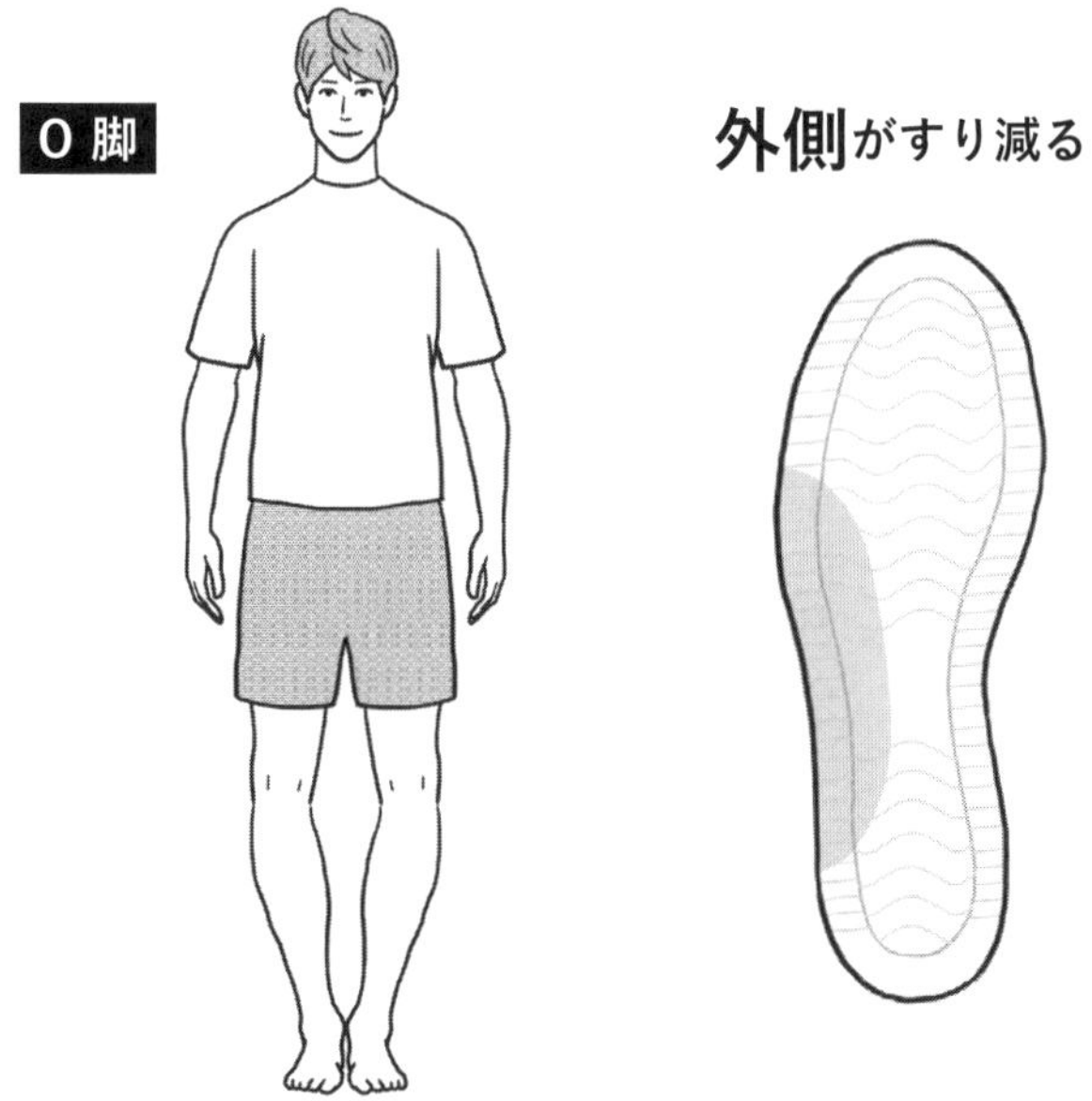
O 脚
外側がすり減る

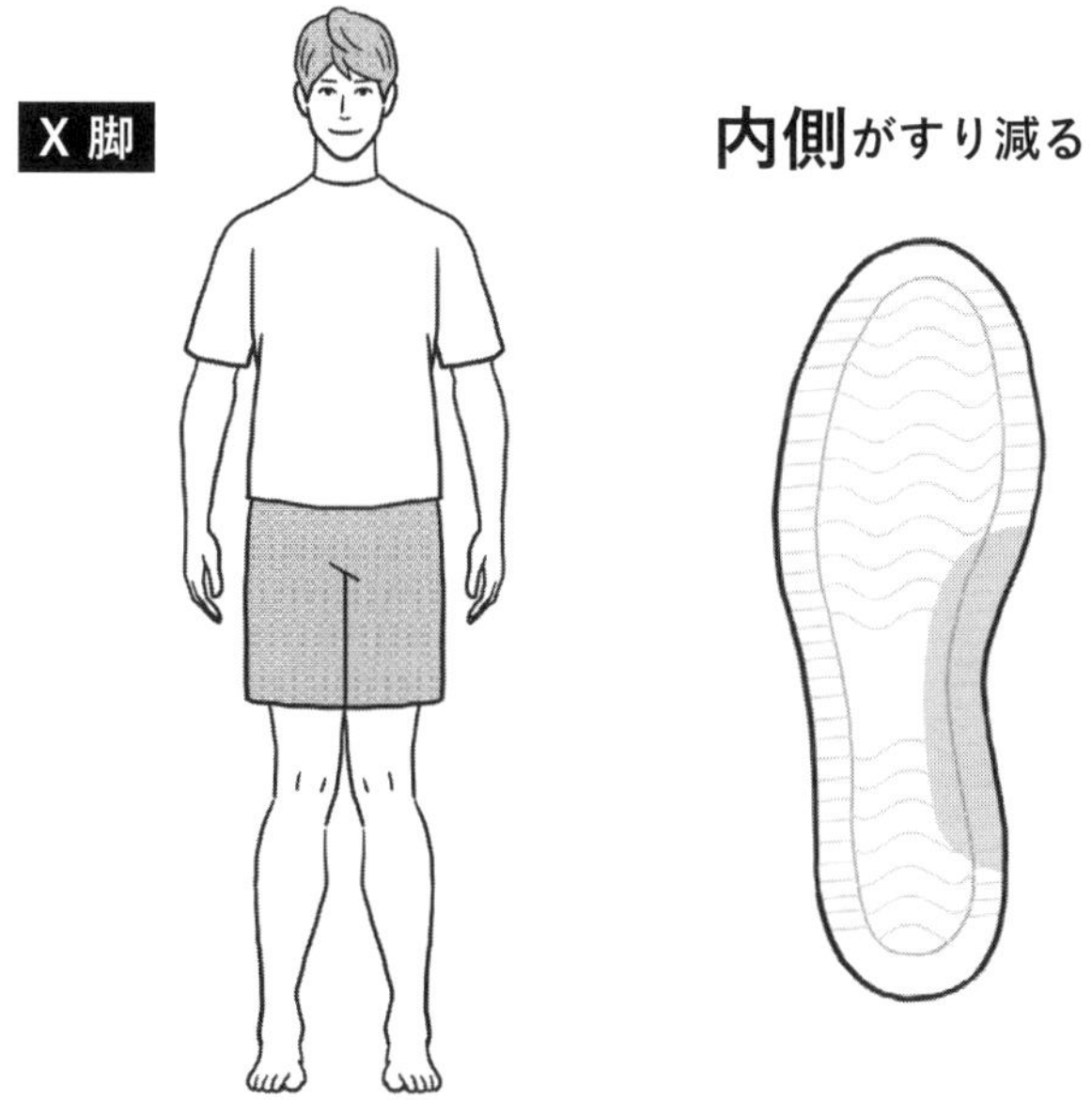
X 脚
内側がすり減る

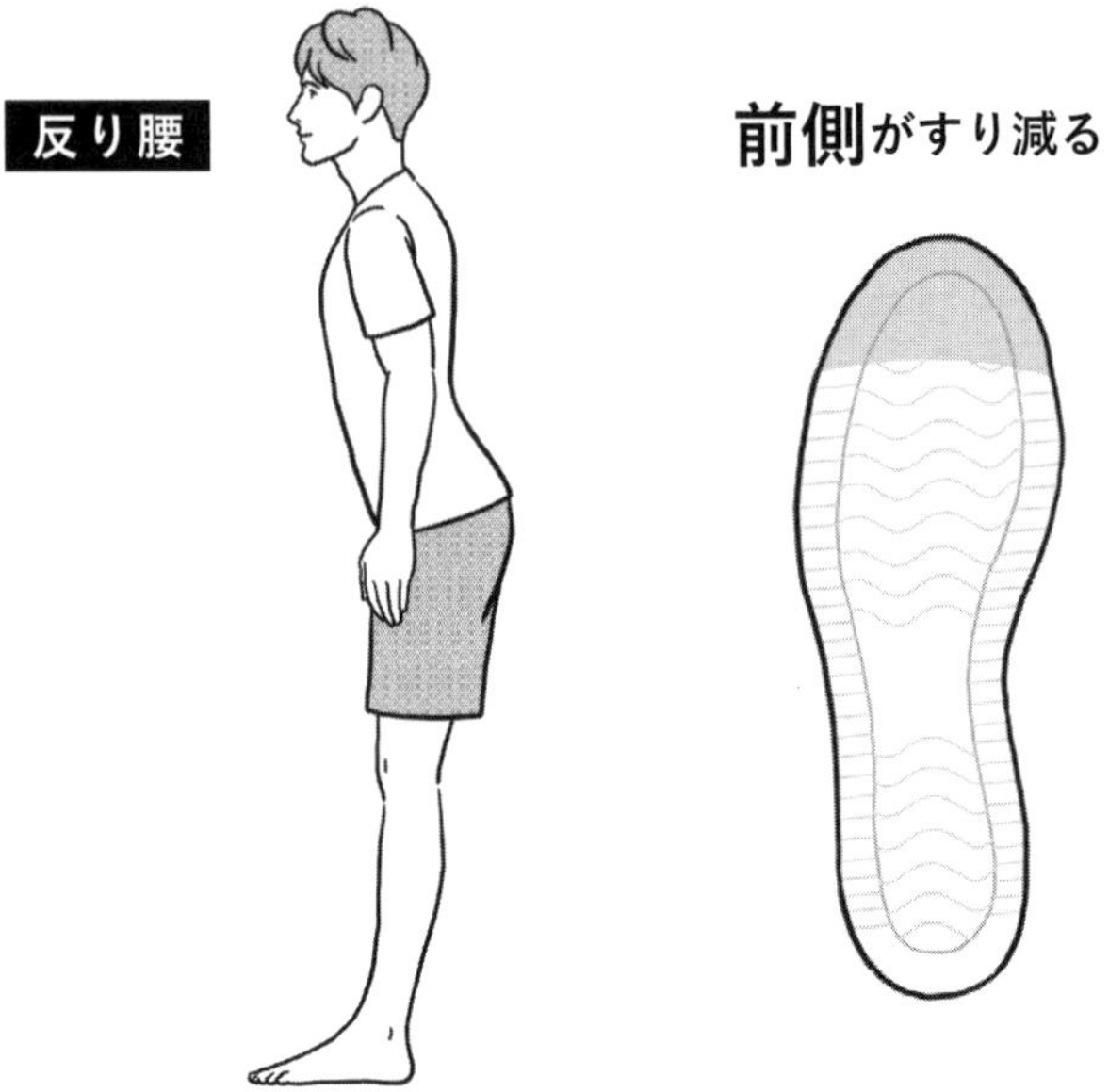
反り腰
前側がすり減る

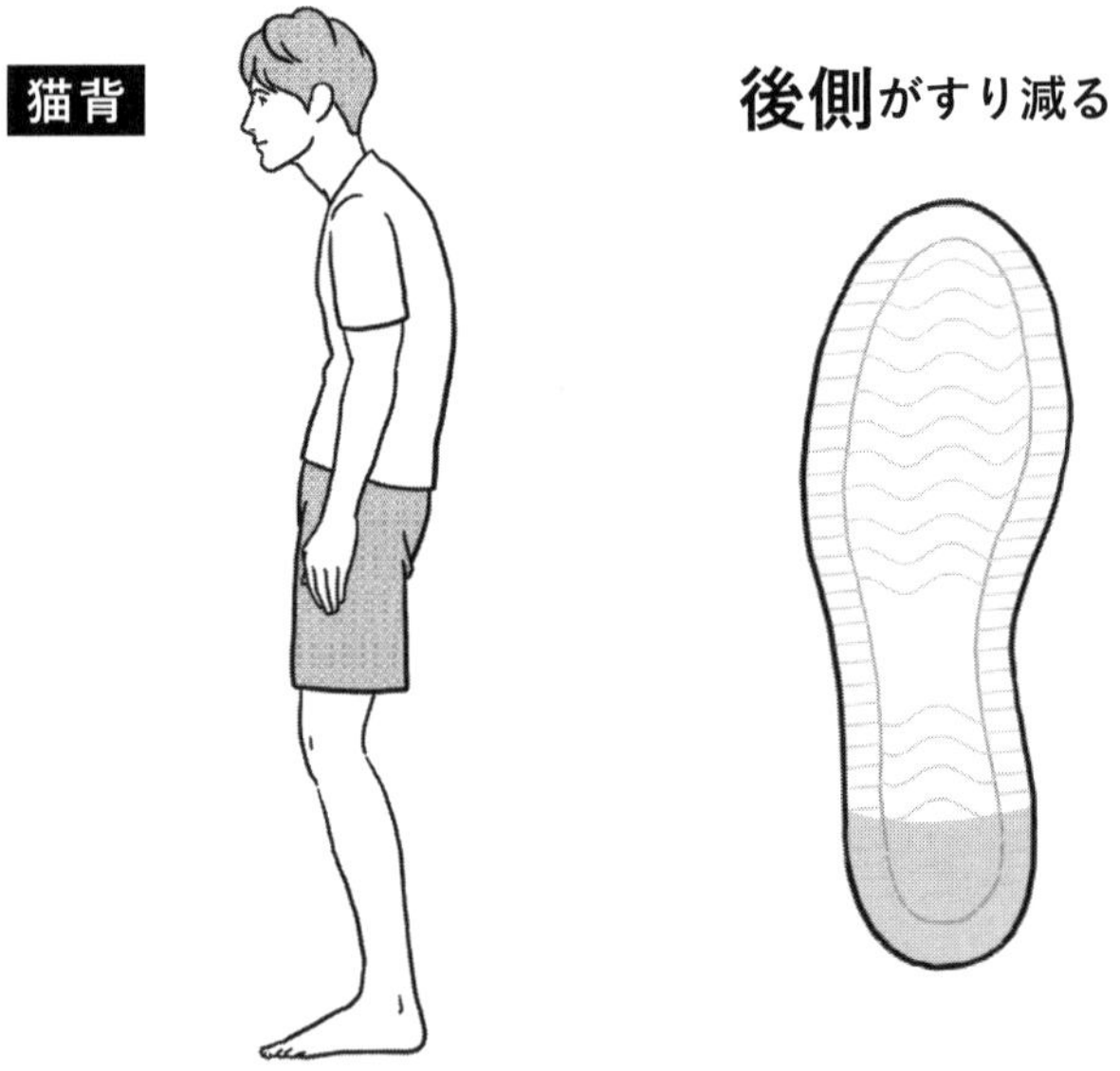
猫背
後側がすり減る

私は街中でジョギングをしている人や歩いている人を眺めては、つい「この人は前側に体重が乗りがちだから、多分、足裏はこうなっているんだろうなぁ」と分析してしまいます。

足裏にはその人の体の使い方や生活習慣が現れます。それだけにトレーナーとしては非常に興味深いのです。逆に、足裏や靴底を見ずにその人の体の使い方を評価するほうが遠回りだと思います。

典型的な4つのタイプ

姿勢は、ふだんの体の使い方が反映されたものであり、股関節にも影響を及ぼします。

靴底の外側がすり減っている人の典型的な姿勢は「O脚」です。大腿骨が外側に開いた状態で骨盤の寛骨臼にはまっているため、股関節は外側に引っ張られている状態です。膝から下はそれを補正するように内側に倒れていくため、脚の外側に重心がかかり、靴の外側がすり減っているのです。

逆に、内側がすり減っている人は「X脚」になります。大腿骨が寛骨臼から内側に向かって伸びているため、左右の膝が近づくレッグラインになるからです。膝から下は外側に開き、重心が体の内側に来ます。骨盤が男性よりも広い女性に多く見られるものです。

前側がすり減っている人は「反り腰」です。骨盤が前傾し、股関節が常に少し屈曲しています。重心が前に来るため、つま先側が減りやすいのです。足を踏み出す際に股関節が詰まりやすく、ヒールの高い靴を履く人、運動不足の人、体幹が弱い人に多いのが特徴です。

後ろ側がすり減っている人は「猫背」です。骨盤が後傾し、股関節の位置が正常よりも前に位置しています。重心は後ろ寄りになるため、靴のかかと部分だけが減っていきます。股関節の伸展の動きが苦手で、デスクワークばかりの人や、高齢者に多いといえます。

「アセスメント」は体作りの鍵

私たちトレーナーの仕事は、医師の仕事と少し似ています。ドクターたちは、症状を訴える患者さんを「診察」して治療の方針を決めます。トレーナーも、クライアントの状態に合わせて、どのようなトレーニングを行えばいいのかを判断します。言ってみれば、その人の年齢や改善したい部位、アスリートであれば競技の内容などから考えて、トレーニングを「処方」しているのです。

医師の診察に相当するのが、トレーナーにとっては「アセスメント」です。このアセスメントを間違えると効果的なトレーニングが行えず、場合によってはケガの原因になるかもしれないので、しっかりと行わなければなりません。

本書では、股関節が機能的かどうかを評価するためのアセスメントを紹介しています（▼p・28参照）。これは私が実際にトレーニングの現場で活用しているものです。

このアセスメントでは、股関節に十分な可動域があるか、股関節を動かす筋力があるか、そしてインナーユニットで上半身を安定させつつ股関節の動きと連動させられるかどうか、などを総合的に評価します。

それに加えてこのアセスメントは、「股関節を感じてもらう」ことにも適しています。ですから、アセスメントを試してみることで、自分の体と向き合ってほしいと私は考えています。

回旋で自然にインナーユニットが作動

インナーユニットは、特に体幹トレーニングを行ったことがない人でも、股関節の動きと連動させることが可能です。それはアセスメントの「回旋」をやってみるとわかります。片脚立ちの状態で、片方の脚を付け根からぐるっと回すことで、上半身がふらつきます。何かにつかまっていないとこの動作ができない人もいるでしょう。その一方で、インナーユニットが自然と作動し、バランスをとれる人もいるのです。

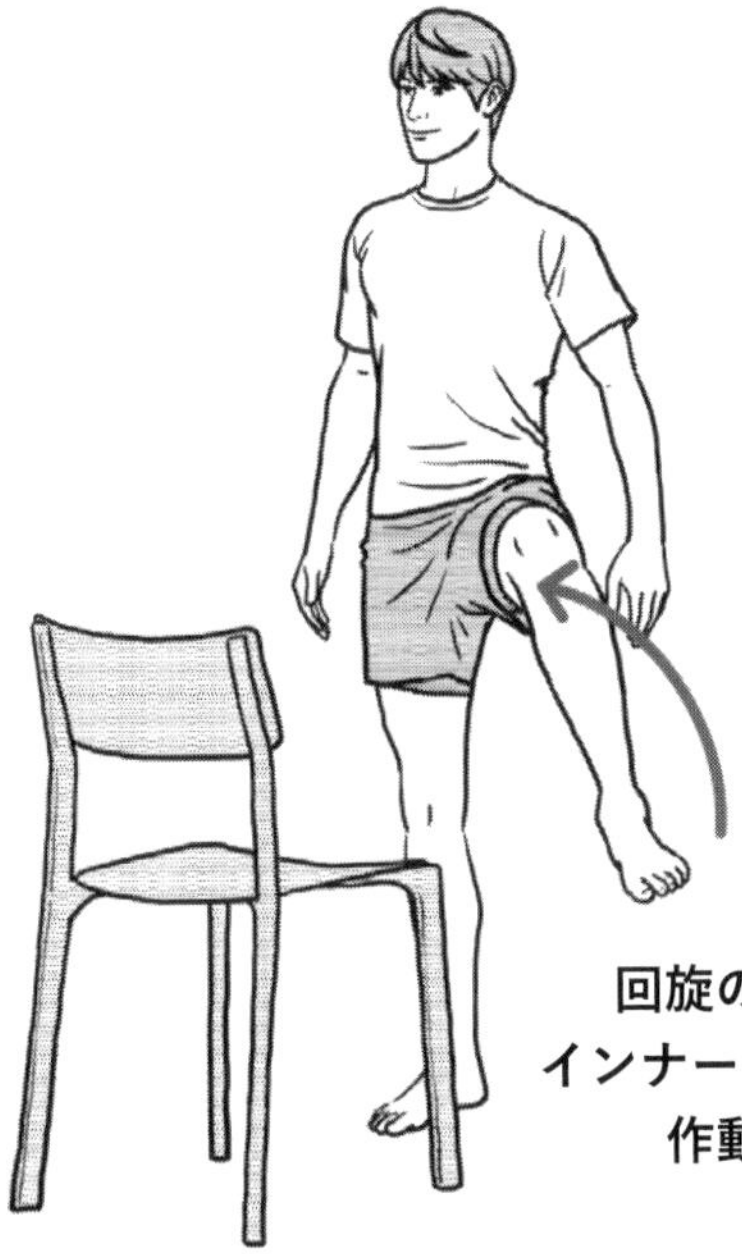

このアセスメントが3回程度続けてスムーズにできれば、股関節の機能には問題がなく、インナーユニットとの連動もある程度できているという目安になります。ただ、何回も繰り返しやってみると、練習の効果からうまくできてしまう人もいるでしょう。

股関節のアセスメントは、定期的に行うのがおすすめです。自分の体重や体脂肪、筋肉量などは体組成計によって測定できますが、股関節の状態というのは機械で測ることができません。アセスメントを週に1度など決まった間隔で行うことで、目では見えない変化を感じられます。

片脚立ちで靴下が履けるか？

高齢になってくると、下半身の筋力や関節が衰えてきます。筋力や関節に問題がないかどうかの目安として、「片脚で立って靴下を履けるかどうか」があります。

片脚立ちの状態で靴下を履くことが両脚とも問題なくできたら、体を支える筋力や関節の働き、そしてバランス能力がある程度キープできているといえるでしょう。骨や関節、筋力が衰えて要介護のリスクが高くなることをロコモティブシンドローム（運動器症候群）、通称ロコモといいますが、片脚立ちで靴下が履けたらロコモの心配は少ないということです。

片脚立ちで靴下を履くことでも、日常生活のなかで股関節が機能しているかどうかをチェックできるといえます。ただ、私がふだんから指導の現場で一般の方向けに行っている股関節のアセスメントが、片脚立ちで靴下を履くのと違うのは、一連の動きのなかで連動して股関節を機能的に動かせるかどうかを評価しているということです。

そのため、脚を前後に開いてしゃがんだ状態から始め、体を起こしながら股関節を大きく動かしています。

どんな筋肉も単体で動いているわけではありません。いくつもの筋肉が連動して動くことで、１つの動作が完結します。そうした連動がスムーズに行えるかどうかも、股関節の機能を評価するうえで重要なのです。

股関節の機能を改善する3ステップ

いよいよ次の章から、股関節の状態を改善するためのトレーニングについて紹介していきます。その前に、ここではプログラムの流れを簡単に説明しましょう。なぜこのような前置きをするのかというと、このプログラムではトレーニングの順番にちゃんと理由があるからです。

そもそも、股関節が機能不全を起こす要因は3つあります。

1つ目は、股関節周辺の筋肉の柔軟性や筋力がアンバランスになっていること。

2つ目は、股関節を動かしたときに、股関節周辺の筋肉が安定した力を出せないこと、あるいは上半身を支える体幹が安定しないこと。

3つ目は、骨盤に先天的な形成不全があることです。

本書のプログラムは、主に最初の2つの要因を解決していくものです。ただ、3つ目の先天的な形成不全がある場合でも、その程度によっては、股関節周辺の筋力や柔軟性を整えることで、股関節の状態がある程度改善することもあります。

トレーニングの現場で行っているプロセス

次の第4章では、股関節の「バランス」を整えます。股関節の周囲にある筋肉のなかで、硬くなっているものや、柔らかすぎるものがあると、そのアンバランスにより股関節が機能不全になります。筋肉ごとに問題がないか、その「生理的柔軟性」と「機能的柔軟性」をチェックし、整えていきます。柔軟性のアンバランスをまず改善しないと、ほかにどんなトレーニングを行っても股関節はよくなりません。最初のステップで問題の根本を解決しましょう。

続く第5章では、股関節の「可動域」を適正な状態に改善します。球関節である股関節は本来、可動域が非常に広く、さまざまな方向に動かせます。ここでは主に動的ストレッチを利用し、徐々に股関節の可動域を広げていきましょう。そうすれば、さまざまな動作がスムーズになります。

第6章では、股関節を「安定させる力」と「動かす力」をつくるトレーニングを紹介します。できるだけ「安定させる力」をまず鍛え、それから「動かす力」のトレーニングに取り組むのがいいでしょう。また、股関節を安定させるためには、上半身と下半身を連動させることも大切です。股関節を使う動作が安定し、動かす力をしっかり発揮できるようになれば、ふらついたり転んだりといったことが予防できるだけでなく、スポーツにおいてもパフォーマンスを発揮できるようになるはずです。

股関節の「バランスを整える」「可動域を適正な状態にする」「力が発揮できるよう鍛える」という3ステップは、私がトレーニングの現場で股関節を改善するために行っているプログラムと同じプロセスです。股関節がうまく曲がらない、力が入らなくなる、違和感があるといった状態を調整しながら、改善を続けていきます。

それでは、次の章から、自分の股関節の状態をつかみ、一緒に改善していきましょう。

コラム

私が股関節のすごさに目覚めたわけ

私が初めて運動指導を行ったのは18歳のときです。学生時代、水泳の選手だったので、水泳のインストラクターを始めました。その後、米国でトレーナーの勉強と実践を重ね、帰国後、しばらくして米国の資格を取得し、本格的にパーソナルトレーナーを始めました。

アスリートを見るようになったのは２００３年から。以来、陸上、ソフトボール、バスケットボール、体操、トランポリン、卓球、テニス、バドミントンなど、さまざまな競技の選手を担当しています。

アスリートを担当するときは、最初のセッションで本人の目標や課題などをヒアリングしながら、体を触ったり、動きを見たりします。その後、トレーニングプランを立てていきますが、自分が初めて担当する競技の場合、１カ月間は選手と会わず、その

競技について猛勉強します。ルールを理解することに始まり、必要な身体的能力や現在のトップ選手などをリサーチし、担当する選手をほかの選手と比較しながら、フィジカル的に何に勝り、何が足りていないのかなど、ひたすら洗い出します。

第3章で「アセスメント」がフィジカルトレーナーにとっていかに重要かという話をしました。体を評価するうえで、関節の可動域が適切かそうでないかを見極めることは欠かせません。

人間の体にある関節はすべて、どのぐらいの角度でどのように動くかがある程度決まっています。ところが、関節が動きづらかったり、うまく回らなかったりすると、本来できるはずの動きができなくなります。

例えば、走りのフォームを見るときは、腕の振りが遅い、肩甲骨が上がっていない、股関節の動きが悪い、膝下が大きく動いているなど、動きが不自然な部分に着目します。そこで体を触ってみると、筋肉が硬かったり、関節の動く方向がズレていたり、インナーユニットがうまく使えていないなど、さまざまな問題に気づきます。

すべての関節の正しい動きが頭に入っていることで、我々トレーナーは動きの評価したり、トレーニングを構築したりすることができます。私の場合、その基盤となっているテキストが、『カパンジー機能解剖学』です。約30年前、米国に留学しトレーニングを学んでいたとき、解剖学の授業で使われたテキストです。この本の著者であるフランスの整形外科医、アルベール・カパンジー（Adalbert Kapandji　1928年～2019年）は、人間の体のすべての関節の構造を調べ上げ、どのくらいの角度でどの方向に動くのかを解明しました。

人体の構造と機能を解説する『カパンジー機能解剖学』は、当時トレーナー、医師、理学療法士など、体に関

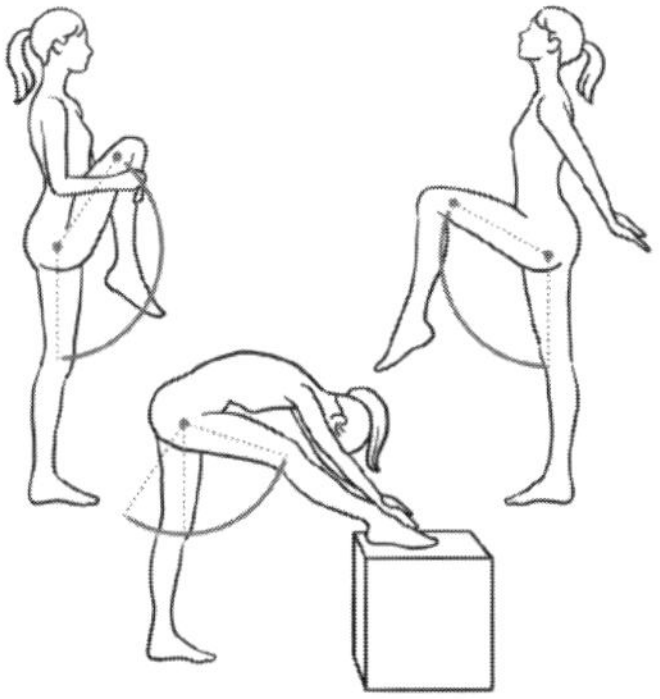

わる仕事を志す者の多くが学ぶ、聖書のような1冊でした。イラストを多用し、関節の運動や可動域、構造や動きのメカニズムなどを解説しているのが特徴です。

今のトレーナーの教科書は、例えば股関節に問題があるならば、「原因があると考えられるポイントとそれに対する運動療法」まで記されています。一方、カパンジーのテキストには、「関節がどのように動くのが人間としての正解か」が記されているだけなので、原因を突き止め、改善する方法は、すべて自分自身で考えなければいけません。

どの関節を何度、どの方向にどうやって動かせば、イメージする動きにたどり着けるのか。学生時代からテキストをもとに自分で想像し、考えることを繰り返してきたおかげで、人体の構造が頭に入り、動作を解析する力につながったと感じます。

私は今でもトレーニングプランを立てる際、『カパンジーの機能解剖学』を開きます。答えがなかなか見つからないときは苦悩の連続ですが、「解」を見つけ出し、それがいい結果に結びついたときは、たまらない気持ちになります。

人間の体は本当に面白い。関節を曲げると、どんな仕組みによって筋肉が収縮するのか、ストレッチを行うと細胞内にどんなことが起きているのか。骨の1つをとっても、その形状やっている角度、しくみのすべてに「なぜそうであるのか」の理由があります。それらを1つずつ理解するたびに、人間の体は何と神秘的でよくできているのかと、いまだに興奮します。なかでも股関節がいかにすばらしく、そして人間にとって大切であるかは、本書を通じて繰り返し述べてきたとおりです。

体を学ぶほど、どうすればもっとよい動作に変えられるのか、障害を起こさないようにできるのかが見えてくる。そこを突き詰めていく面白さは、まったく興味の尽きることがありません。

ひょっとしたら、自分もいつかはこの仕事がいやになる日が来るのかな、と思っていましたが、今でも朝起きて、「今日はパーソナルセッションが何本あるな」と考えるだけで、毎日ワクワクします。30年たっても変わらないのですから、つくづく、この仕事に魅了されているなと感じています。

第4章

股関節のバランスを整える

アセスメントのやり方をしっかり身につける

この章から、股関節の機能を改善するための運動について紹介していきます。

もし股関節に痛みを感じているのであれば、運動する前に必ず医師の診断を受けてください。場合によっては悪化させてしまう可能性があります。痛みを感じるほどではなく、動かしたときに少し違和感がある程度ならば、股関節が機能不全になりかけているかもしれません。そのような方は、無理のない範囲でこれから紹介する運動を始めてみてください。

また、日常生活では特に問題がないけれども、スポーツなどで股関節を大きく動かしたときに違和感があれば、その競技に必要な股関節の機能が不足していると考えられます。やはり医師の診断後、機能向上のために運動に取り組むとよいでしょう。

アセスメント

そして、股関節の機能を改善するための第一歩として、この章では股関節の周囲にある筋肉の柔軟性をチェックし、バランスを整えていきます。ただその前に、アセスメントによって股関節の状態を簡易的にチェックしましょう。

股関節が機能不全になっていないかチェック

アセスメントは、本書のなかですでに何度か登場していますが、ここでしっかりおさらいしておきましょう。

アセスメントは「屈曲・伸展」と「回旋」の2種類。いずれもイスを使います。まずイスの前に立ち、片方の脚を大きく後ろに引きます（①）。腰を落とし、前の脚の膝は90度に曲げ、すねは床に対して垂直。膝がつま先よりも前に出ないように注意しましょう。後ろの脚は鼠径部が伸びるまで下げてつま先を立て、膝は床についてもよいでしょう。この体勢をとることで、両脚を適正な角度で前後に開脚できる柔軟性があるかどうかがわかります。

そして次に、「屈曲・伸展」では、一気に立ち上がるとともに、後ろに引いていた

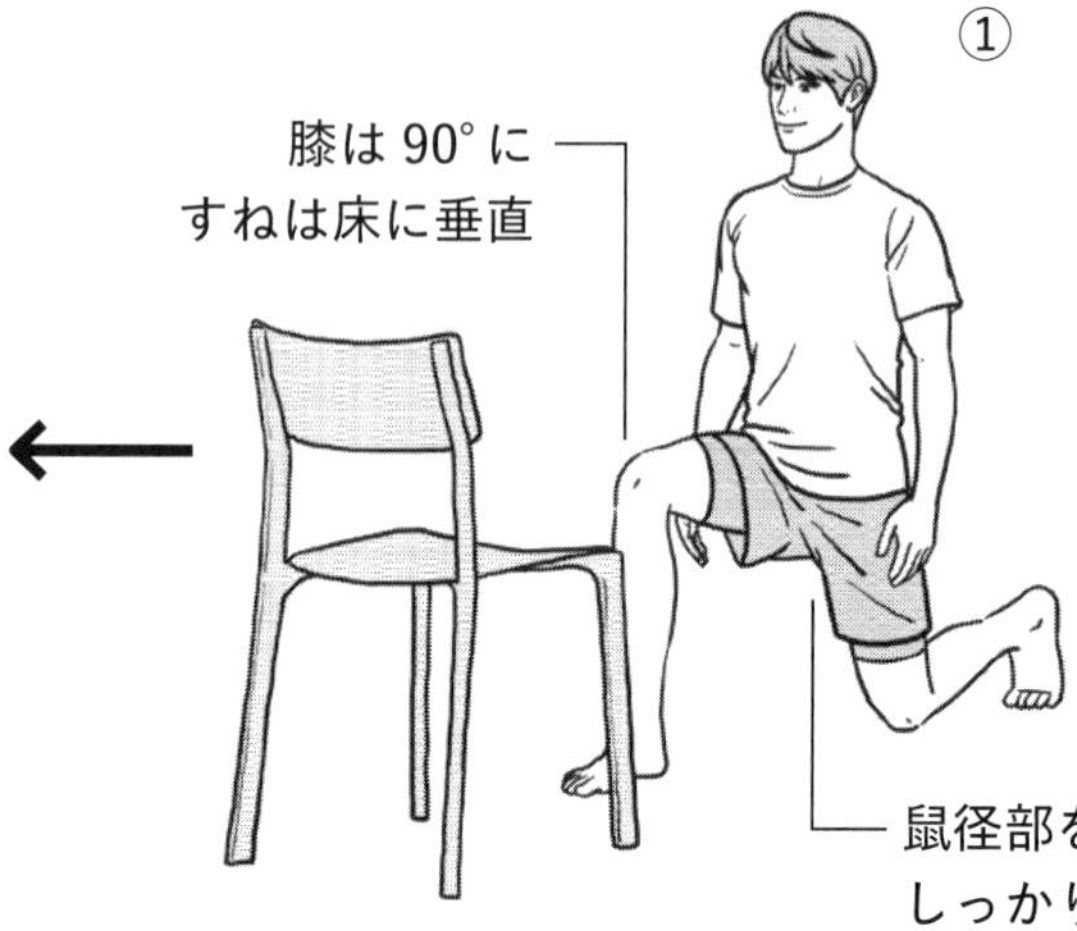
①
膝は90°に
すねは床に垂直
鼠径部を
しっかり伸ばす

脚をまっすぐ前に出します（②）。この動作では、股関節が伸展した状態からきちんと力を出せるかどうかが確認できます。それからイスの座面に前に出した足をのせます（③）。これで、股関節がしっかり屈曲できるかどうかもチェックできます。

「回旋」では、途中までは同じですが、立ち上がるときに脚を付け根からぐるりと回します（②）。脚を付け根から回すと体の重心が外側へと移動します。このとき、無意識のうちにインナーユニットが作動して上体がグッと安定すれば、無事に足を座面にのせられるでしょう。

もしインナーユニットがうまく使えない

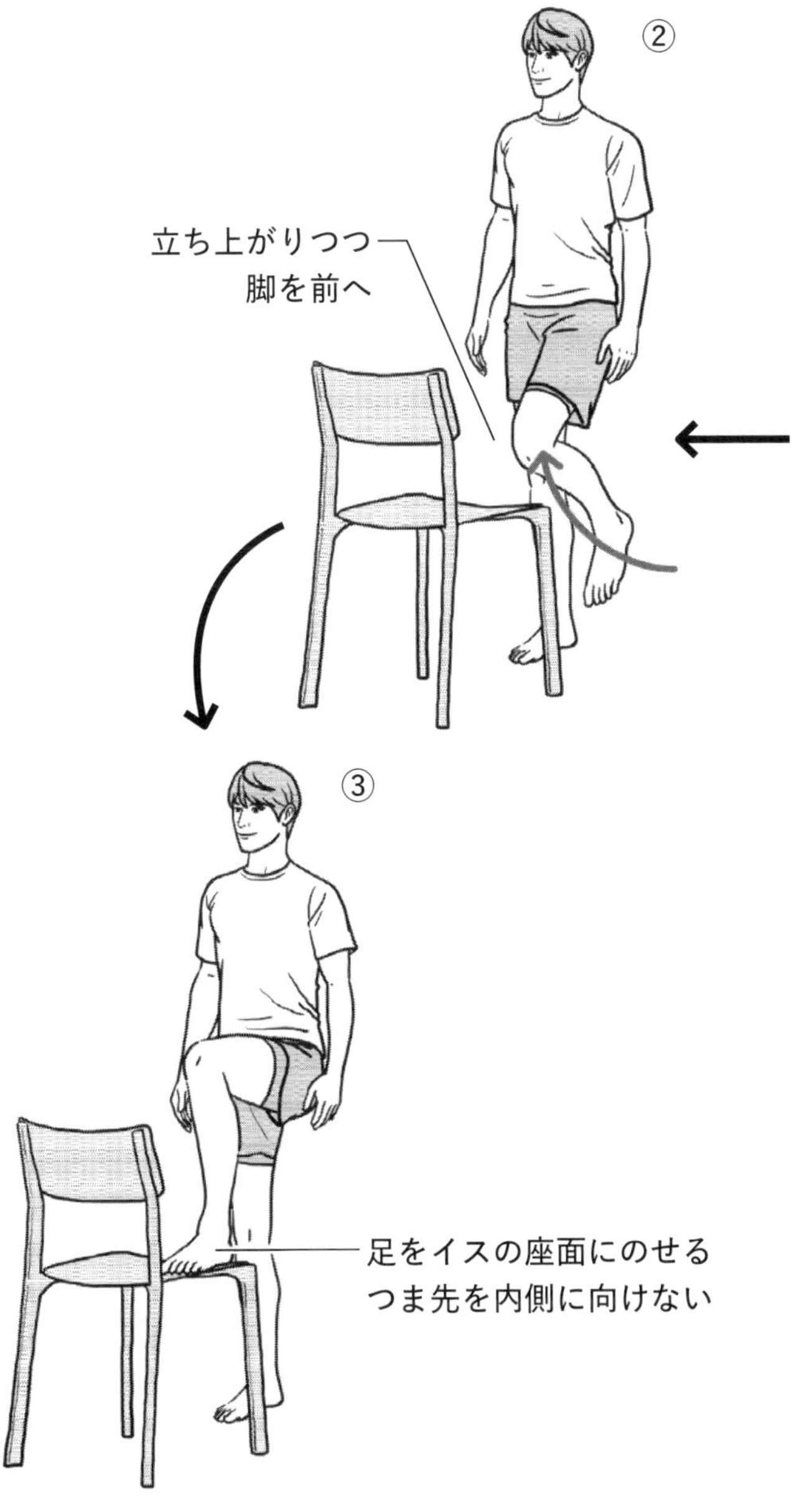
②
立ち上がりつつ
脚を前へ
③
足をイスの座面にのせる
つま先を内側に向けない

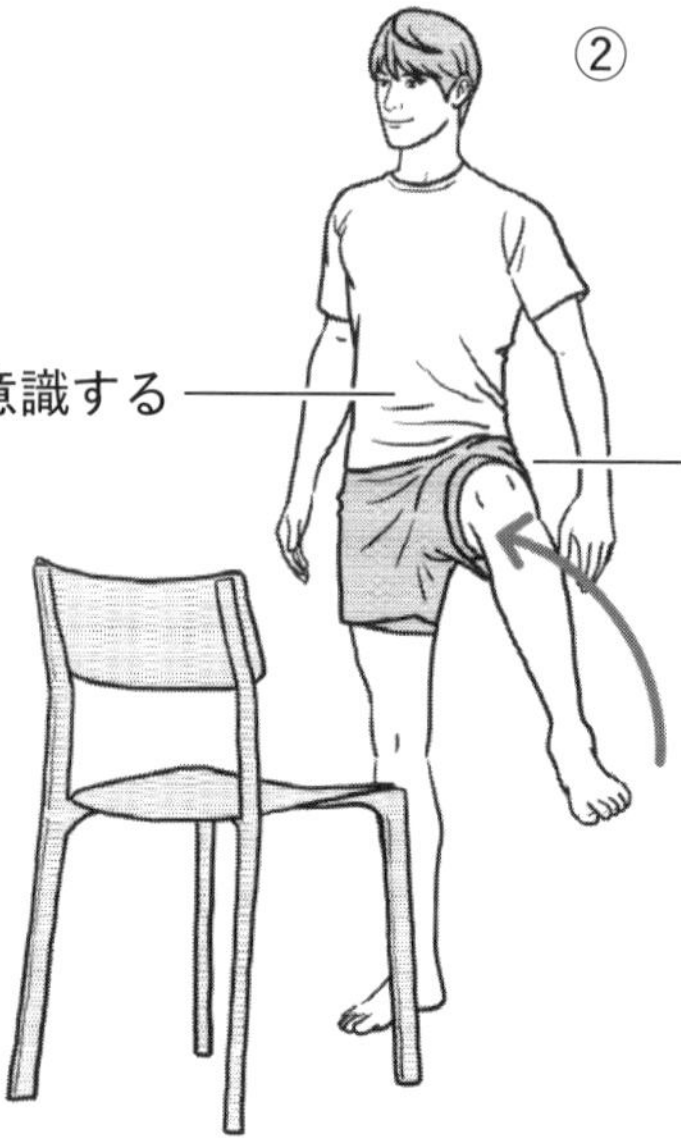
体幹を意識する
立ち上がりつつ
脚を付け根から
回す

のであれば、フラフラして不安定になり、何かにつかまらないと倒れそうになってしまいます。

つまり、このアセスメントではインナーユニットが使えるかどうかも確認できるのです。

アセスメントは、それぞれ続けて3回ずつできるかどうか試してみましょう。問題なくできたら、股関節の機能はある程度保たれていると考えられます。スポーツをやっている方は、最低でも5回は続けてやりたいところです。また、左右どちらも試してみて、同じようにできるかも確認しておきます。左右差がある人は意外と多く、体の使い方のクセが反映されている場合があります。

股関節の状態が悪くなるということは、誰にでも起こりうることです。私も以前、ランニングの最中に股関節の調子が悪くなり、しばらく走ることを休んだ時期がありました。そのとき、アセスメントを行ってみたら、片方の脚で違和感があり、うまく立ち上がることができなくなっていました。

股関節が機能不全に陥っている場合、いくつかの理由があります。まずは、筋肉の柔軟性のバランスが崩れていないかチェックしていきましょう。このバランスを整えないと、そのほかの股関節のトレーニングに取り組むことができません。股関節を支える筋肉はたくさんありますが、どこに問題があるのかを突き止めることが大切なのです。

大きな筋肉の柔軟性を改善

柔軟性チェック

股関節は、骨の位置がちょっとズレるだけで機能不全を起こします。股関節には23もの筋肉が関与しますが、どれかが硬くなったり弱くなったりすると、骨の位置に影響を及ぼします。

23の筋肉をそれぞれ細かくチェックすることは不可能ですが、ハムストリングス、大腿四頭筋、大殿筋、内転筋群、外転筋群という5つの大きなかたまりについて、柔軟性を調べていきましょう。ハムストリングスや内転筋群などは、複数の筋肉をまとめた呼称です（▼p・26参照）。股関節に関わる筋肉のなかでもボリュームが大きく、影響が大きいものばかりです。一方、大殿筋は1つの筋肉ですが、サイズが大きいだけでなく、外転筋群にも含まれています。これは、第1章でもお話ししているように、大殿筋は上の部分が股関節の外転に、下の部分が内転に作用するという特徴があるからです。

また、それぞれについて「生理的柔軟性」と「機能的柔軟性」についてチェックしていきます。どちらの柔軟性が足りないかで対策が変わってきます。生理的柔軟性が足りない場合、そもそも筋線維の長さが十分ではないということです。これは静的ストレッチを行うことで伸ばしていきます。そして、生理的柔軟性はあるけれども機能的柔軟性が足りないという場合は、動きのなかで柔軟性が発揮できていないので、トレーニングによって改善していきます。

ハムストリングスのチェック

それではまず、ハムストリングスです。その生理的柔軟性を調べるには、あお向けになり、片方の脚の膝を立てて、もう片方の脚の膝の裏（もしくは太ももの裏）に両手を添えて、膝を伸ばした状態で両手で脚をできるだけ胸に引き寄せていきます。床に対して90度の位置まで上げられれば、生理的柔軟性は十分です。

ハムストリングス　生理的柔軟性チェック

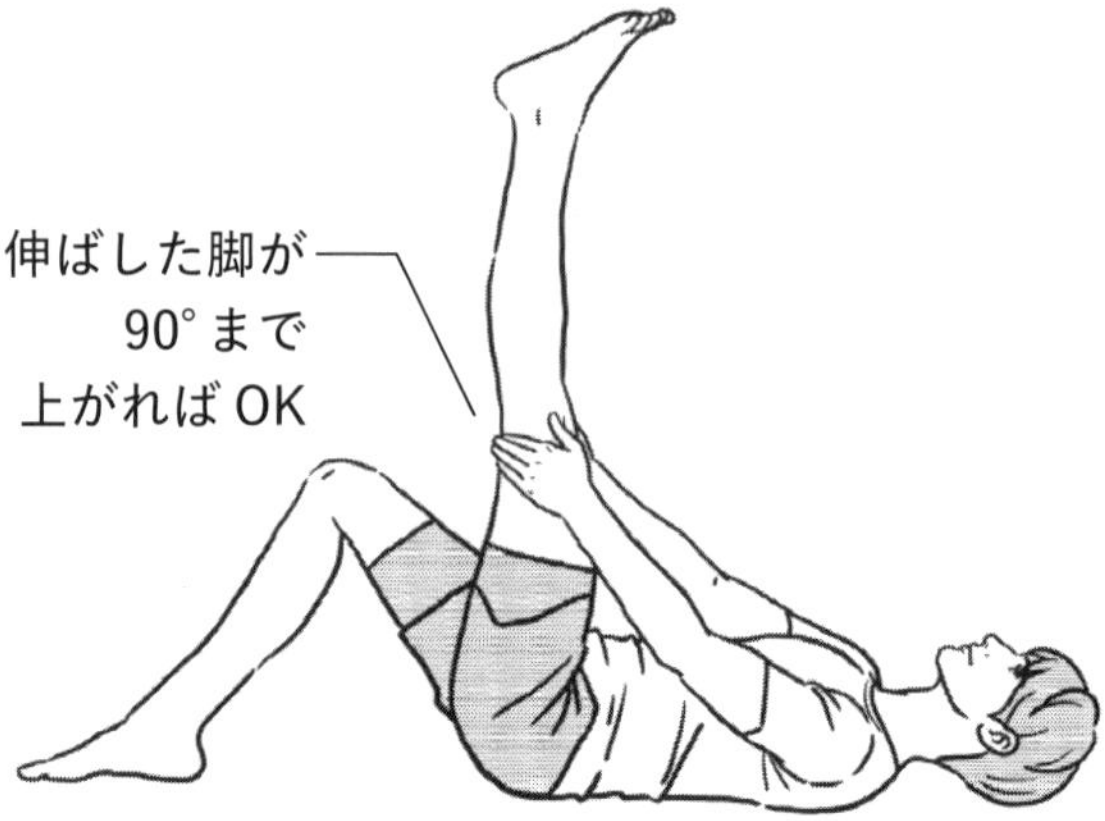
伸ばした脚が
90°まで
上がればOK

ハムストリングス　機能的柔軟性チェック

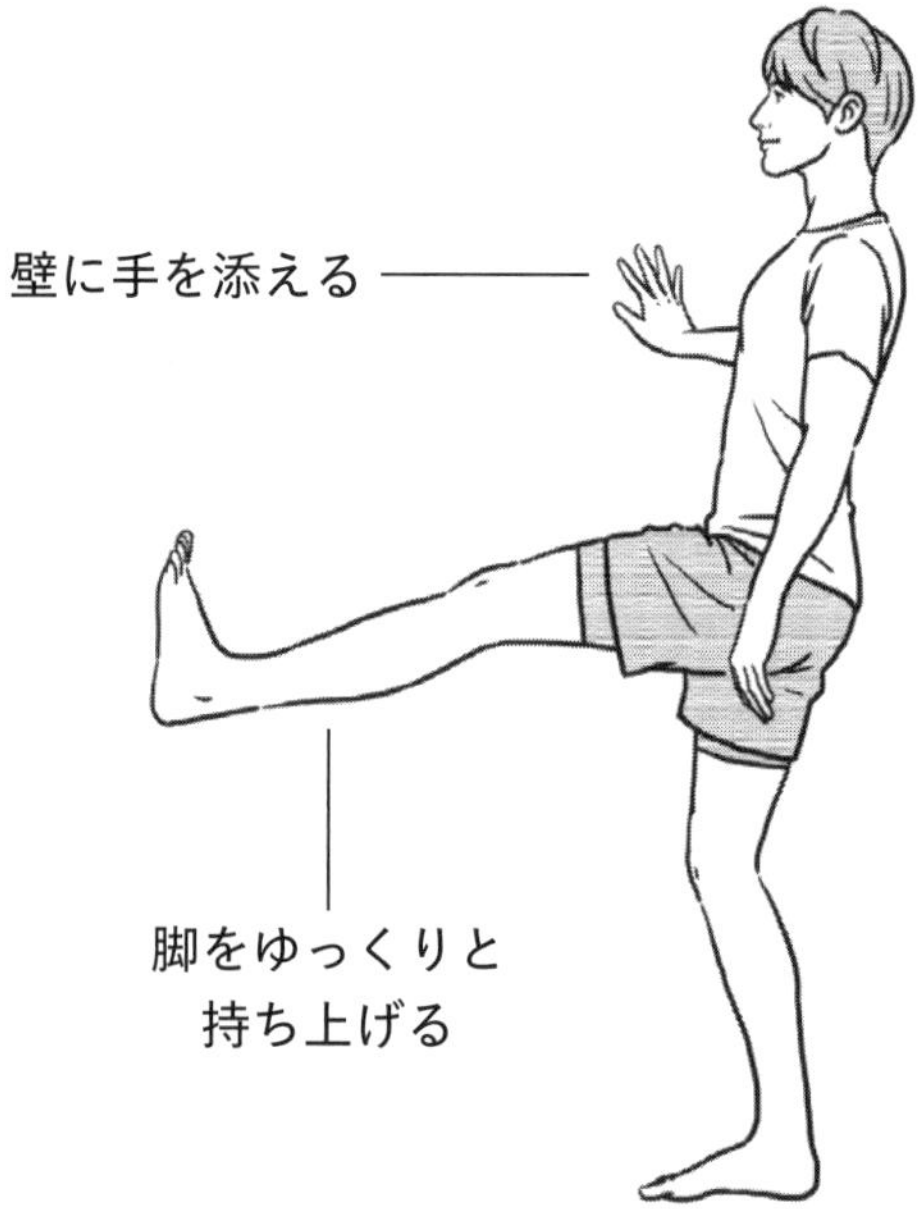
壁に手を添える
脚をゆっくりと
持ち上げる

そこまで上がらなかったり、膝がどうしても曲がってしまう場合、生理的柔軟性が足りません。また、左右で差が大きいときは、股関節の機能不全を起こす可能性があります。

機能的柔軟性のチェックは、立って行います。壁の横に立ち、片手を壁に添えます(イスの背をつかむのでもいいでしょう)。腹筋群や太ももの前の大腿四頭筋に力を入れ、息を吐きながら、壁から遠いほうの脚を付け根からゆっくりと上へと持ち上げます。膝を伸ばし、どこまで脚が持ち上げられるか、確認しましょう。

生理的柔軟性のチェックのときと比べて、機能的柔軟性のチェックでも同じくらい脚が持ち上げられたでしょうか。生理的柔軟性のときは上体に対し90度まで脚が上がったのに、機能的柔軟性ではそこまで上がらなかったのであれば、ハムストリングスの筋線維の長さは十分あるのに、大腿四頭筋などの収縮する力がうまく連動できていないということになります。

生理的柔軟性が不足していたら、静的ストレッチでハムストリングスを伸ばしていくといいでしょう。実は、先ほどの生理的柔軟性のチェックのポーズが、そのままハ

ハムストリングス　機能的柔軟性トレーニング

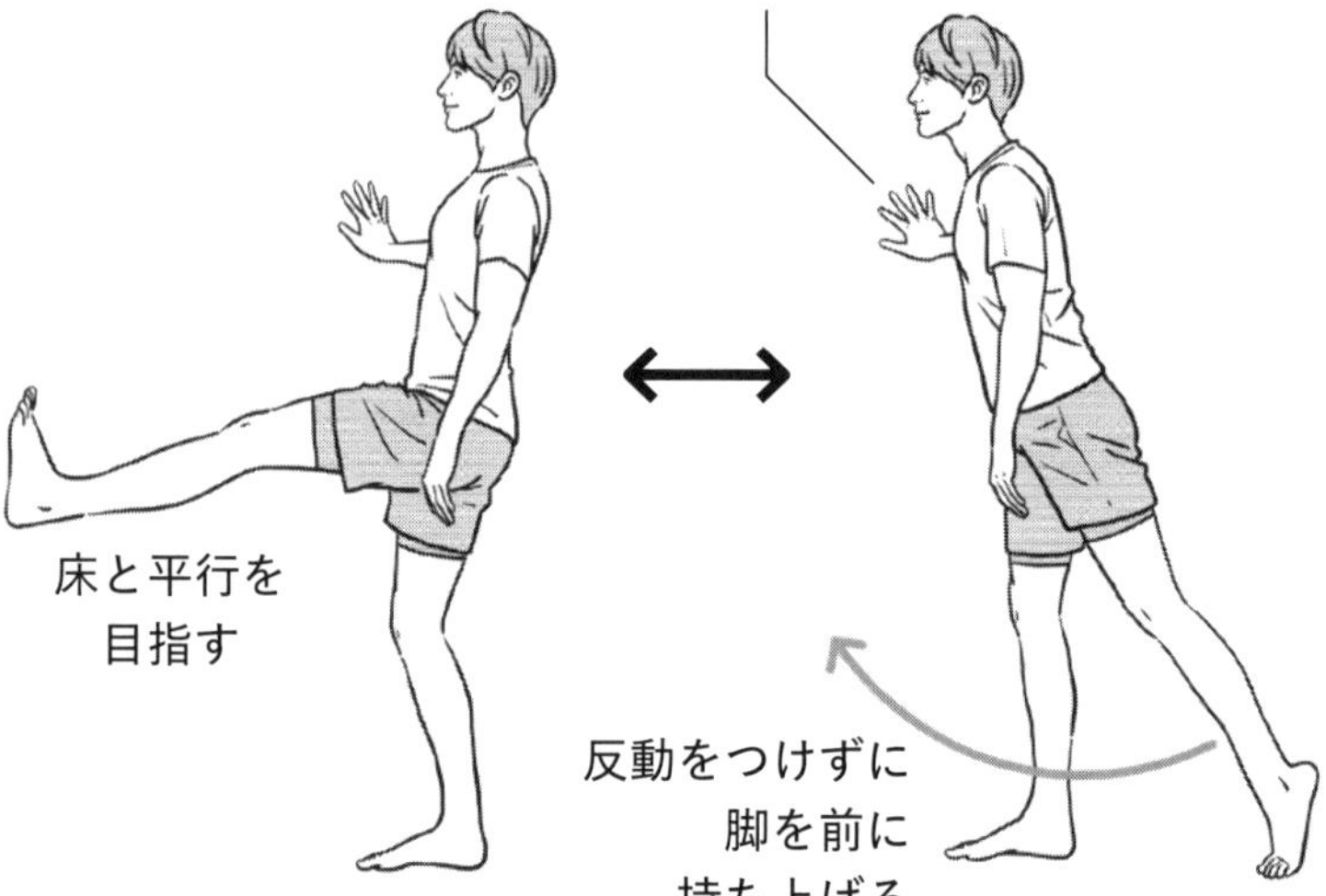
壁に手を添える
持ち上げる

ムストリングスの静的ストレッチです。このポーズを30秒程度キープし、4～5セットを毎日行いましょう。3カ月程度で生理的柔軟性が改善されてくるでしょう。

機能的柔軟性を改善するには、次のようなトレーニングを行います。壁の横に立ち、手を壁に添え、壁から遠いほうの足を少し後ろに下げて、つま先を床に着ける。息を吐きながら後ろに引いた脚を付け根からゆっくりと前方に上げ、再び元の位置に戻します。5～10回程度続けて行いましょう。

ポイントは、大腿四頭筋を収縮させて脚が床と平行になるところまでを目指して持ち上げること。そして、上げて下ろす動作を反動をつけずに行うことです。

大腿四頭筋のチェック

続いて、大腿四頭筋です。ハムストリングスが太ももの裏側の筋肉であるのに対し、大腿四頭筋は太ももの前側の筋肉です。この2つはサイズが大きいので、股関節への影響が特に大きいといえます。

2つのバランスが崩れると、大腿骨の位置がズレやすくなります。大腿四頭筋が硬くてハムストリングスが柔らかい場合、大腿骨は前にズレます。逆に、大腿四頭筋が柔らかくてハムストリングスが硬ければ、大腿骨は後ろにズレてしまいます。

大腿四頭筋の生理的柔軟性を調べるには、壁を横にして立ち、手を壁に添え、壁から遠いほうの脚の膝を曲げ、後ろで足の甲を手でつかみます。息を吐きながら、つかんだ手で足を引き寄せて、お尻に近づけます。このとき、上体を前に倒さず、鼠径部を伸ばし、膝がどの位置まで来るかチェックしましょう。軸足の膝よりも後ろのほうまで無理なく持っていけるでしょうか。

大腿四頭筋　生理的柔軟性チェック

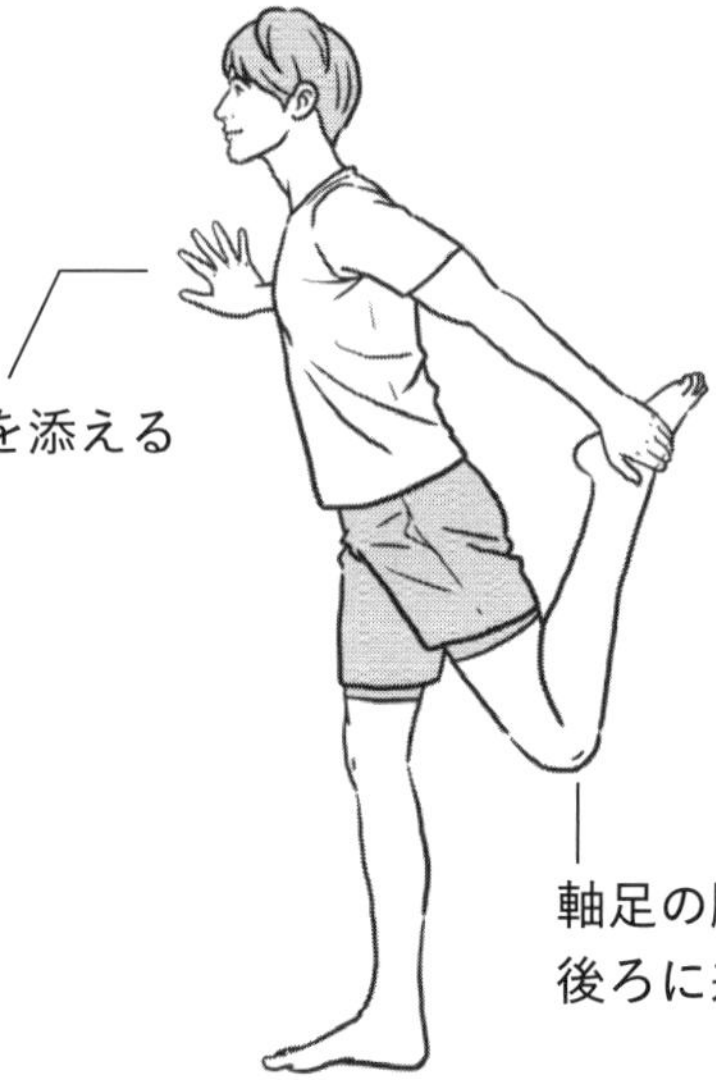
壁に手を添える
軸足の膝より
後ろに来ればOK

大腿四頭筋　機能的柔軟性チェック

生理的柔軟性のときと
同じ位置まで
膝が来ればOK

大腿四頭筋　機能的柔軟性トレーニング

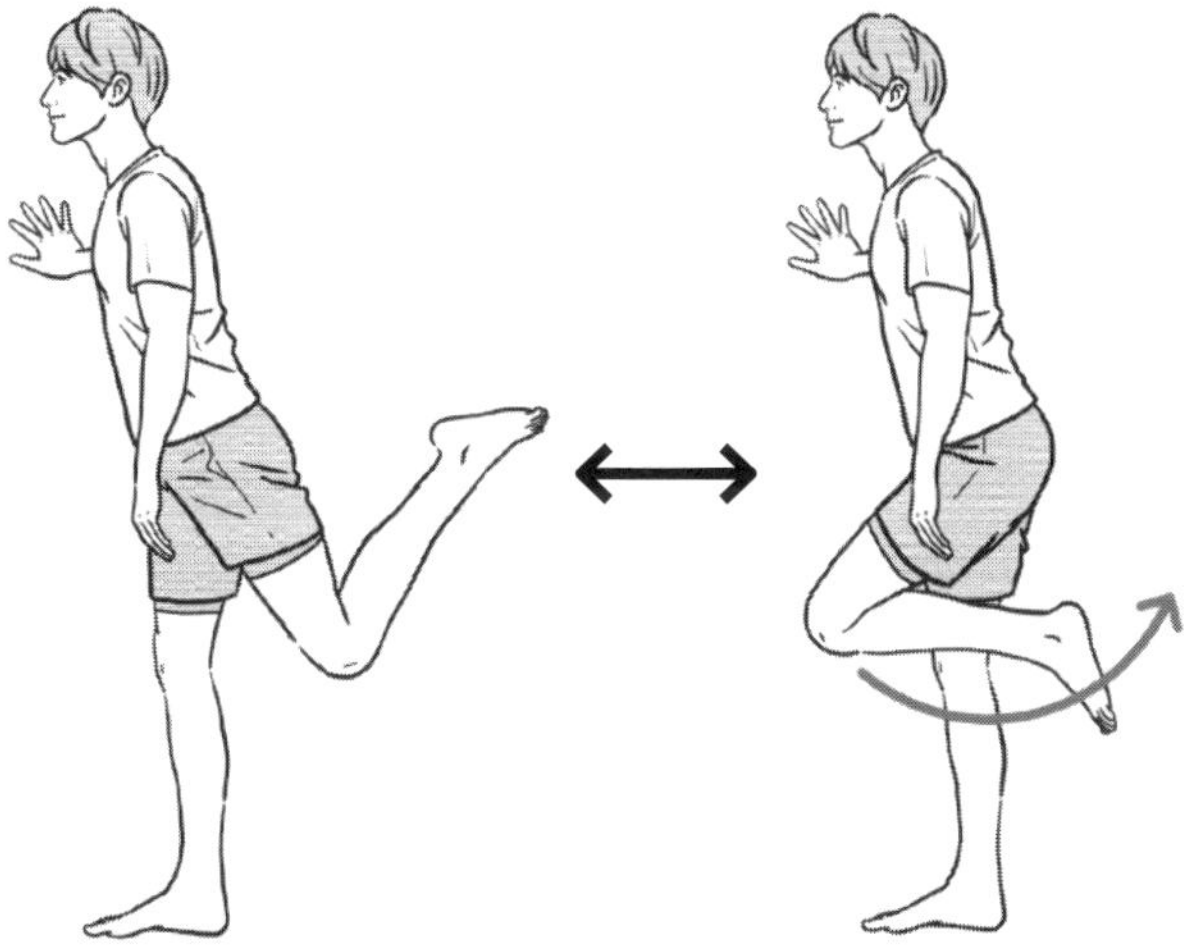

機能的柔軟性のチェックも、先ほどの生理的柔軟性のときと、途中までは同じです。違いは、手を使わずに脚の力だけで膝をなるべく後ろのほうへ持っていくということです。生理的柔軟性をチェックしたときとだいたい同じ位置まで膝が来ればＯＫでしょう。同じ位置まで行かなかった場合、殿筋群から太もも裏にかけて収縮する力がうまく連動していないといえます。

生理的柔軟性が不足していたら、大腿四頭筋や腸腰筋の静的ストレッチで伸ばします。先ほどの生理的柔軟性のチェックがそのまま大腿四頭筋の静的ストレッチなので、このポーズを30秒程度キープし、３〜

4回繰り返すのを1セットとし、1日に数セット行います。一方、機能的柔軟性が足りなかった場合は、壁の横に立ち、手を壁に添え、壁から遠いほうの脚の膝を曲げ、息を吐きながらゆっくりとその曲げた膝を後ろに上げていき、膝を曲げたまま前に戻すトレーニングを行います。5～10回繰り返しましょう。上体を前に倒さず、鼠径部から伸ばして行うよう意識してください。

大殿筋のチェック

続いて、大殿筋のチェックです。大殿筋は股関節を支えるキーマンであり、人間が直立二足歩行をするためには大殿筋がしっかり働かなければなりません。例えば長い距離を歩いた翌日は、腰の下のほうの筋肉が張っている感じがする場合があるでしょう。それが、大殿筋がよく使われた証拠です。

体の使い方のクセのせいで大殿筋に左右差が生じる人は意外と多くいます。その場合、長い距離を歩いたりランニングをしたあとに、片方の大殿筋ばかりが張ってしまうのです。

大殿筋の生理的柔軟性をチェックするには、まずあぐらをかいて座り、片方の脚の足首とふくらはぎのあたりに両腕を差し込み、息を吐きながらその脚をできるだけ引き寄せます。背中が丸まらないように注意しましょう。抱えた脚のすねが床に対して平行になり、また体に対しても平行になれば、大殿筋の生理的柔軟性は十分だといえます。

機能的柔軟性は立った状態でチェックします。イスの横に立ち、背もたれを手でつかみ、イスから遠いほうの脚を付け根から持ち上げつつ、膝を曲げ、外側に開いて、すねが床と平行になるように持ち上げます。もしできるなら、イスを使わずに行ってもよいでしょう。

生理的柔軟性をチェックしたときはすねが床と平行になったのに、機能的柔軟性のチェックではすねが床と平行にならなかった場合は、機能的柔軟性が不足しているということになります。

大殿筋の生理的柔軟性が不足していた場合は、静的ストレッチで伸ばしていきます。先ほどの生理的柔軟性のチェックがそのまま静的ストレッチのポーズになるの

大殿筋　生理的柔軟性チェック

すねを体と床に
平行になるように
持ち上げる

大殿筋　機能的柔軟性チェック

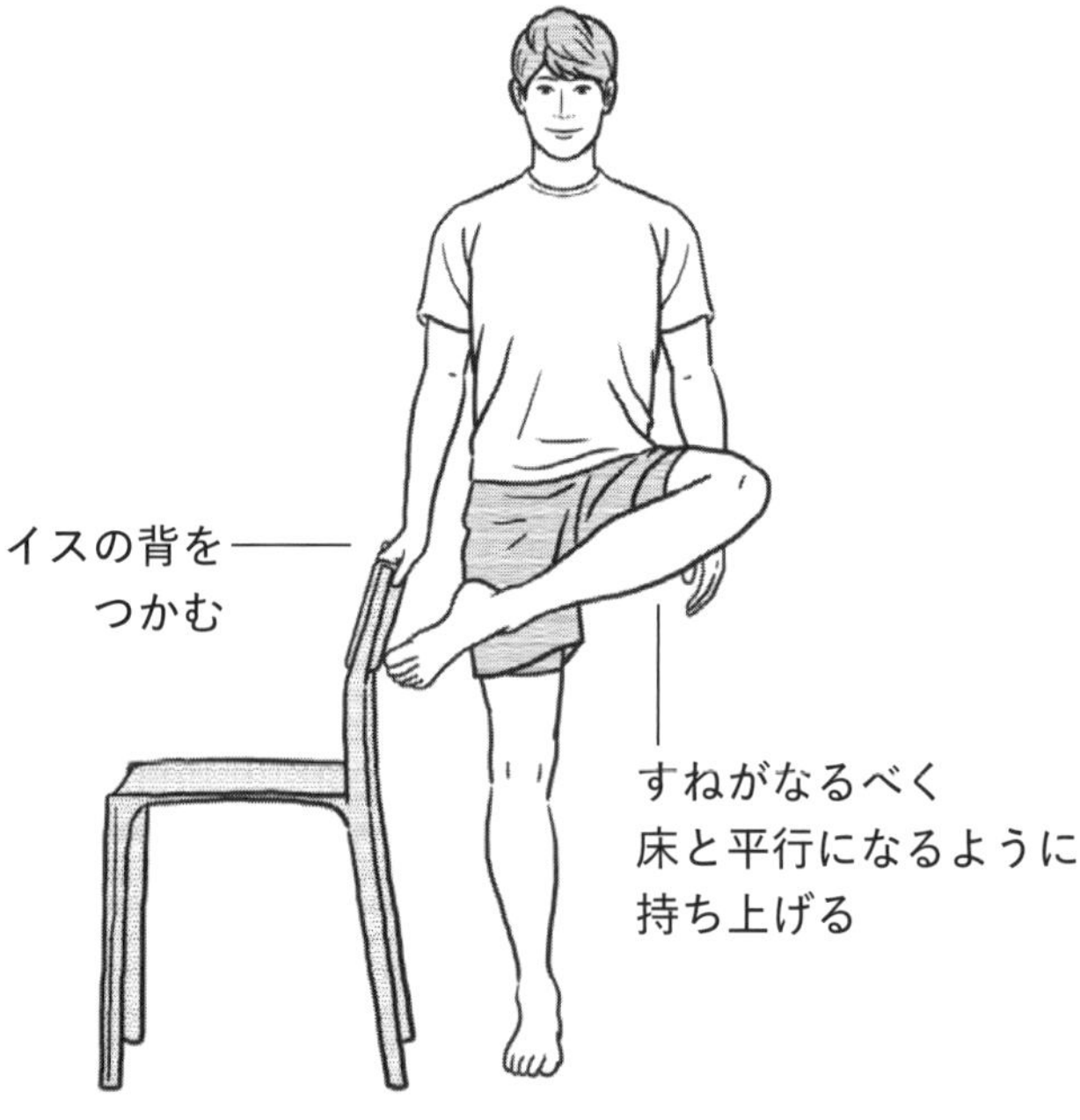
イスの背を
つかむ
すねがなるべく
床と平行になるように
持ち上げる

で、30秒程度キープしましょう。

大殿筋の静的ストレッチにはさまざまなバリエーションがあるので、ネットで検索して気に入ったものに取り組んでもOKです。例えば、先ほどはあぐらをかいた状態から脚のすねを両腕で持ち上げましたが、そうではなく片方の脚を後ろのほうへ伸ばしたり、イスに座って行うものもあります。

大殿筋の機能的柔軟性が不足している場合は、イスの横に立ち、背もたれをつかみ、イスから遠いほうの足を一歩後ろに下げてから、膝を前方に振り上げるトレーニングを行います。膝を曲げながら脚を外側に開き、足を上げられる位置まで高く上げたら、再び元の位置に戻します。これを5〜10回繰り返しましょう。ポイントは、内ももの筋肉が収縮するのと、お尻の筋肉が伸びるのとを連動させることにあります。

なお、体の裏側の大きな筋肉であるハムストリングスと大殿筋の両方が硬くなっている場合、大腿骨がかなり前へとズレてしまうので注意が必要です。

大殿筋　静的ストレッチのバリエーション

大殿筋　機能的柔軟性トレーニング

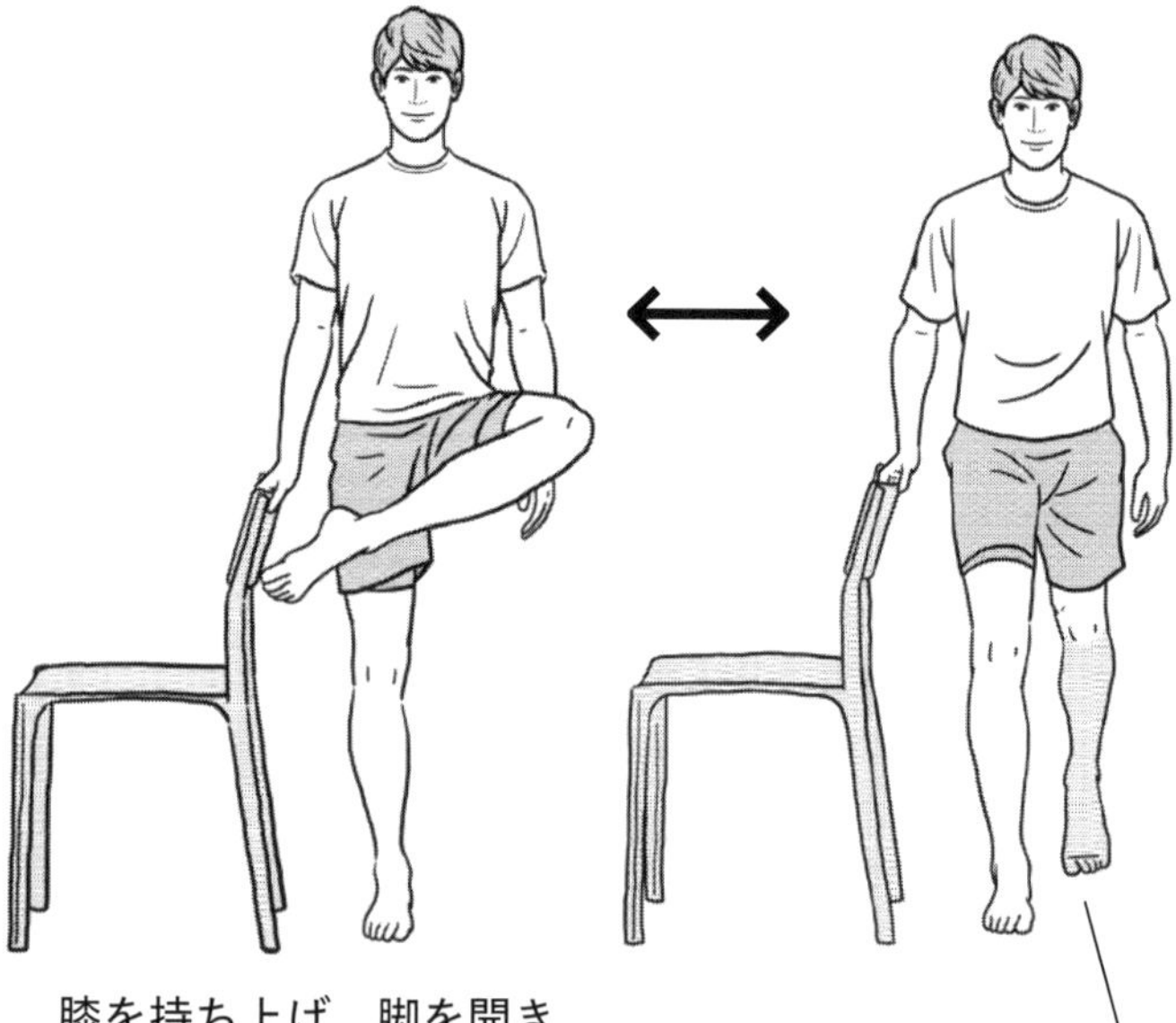

膝を持ち上げ、脚を開き
足をできるだけ高く

足を一歩後ろへ

内転筋群のチェック

ここまで、ハムストリングス、大腿四頭筋、大殿筋という大きくて力の強い筋肉のチェックを行ってきました。残りは、内転筋群と外転筋群です。この2つは、股関節の内転と外転の動きを支え、上半身と下半身の連携をスムーズにするので、縁の下の力持ち的な存在です。

姿勢が悪くてO脚やX脚の人、運動不足の人は内転筋群と外転筋群が硬くなりやすいので、抜かりなく整えていきましょう。アスリートでも、この2つが弱いことでパフォーマンスが出ないこともあるので注意が必要です。

では内転筋群から。内転筋群は、太ももの内側にある、恥骨筋、薄筋《はっきん》、短内転筋、長内転筋、大内転筋で構成されています。これらの筋肉が、脚を閉じるといった股関節の内転の動きに作用します。

内転筋群の生理的柔軟性を確認するには、床に座り、両足の裏を合わせて、かかとと恥骨の間をこぶし2個分くらいあけ、足を両手でつかみます。両膝を開き、膝の高さが床からこぶし2個分くらいになるまで開けるかをチェックします。

内転筋群　生理的柔軟性チェック

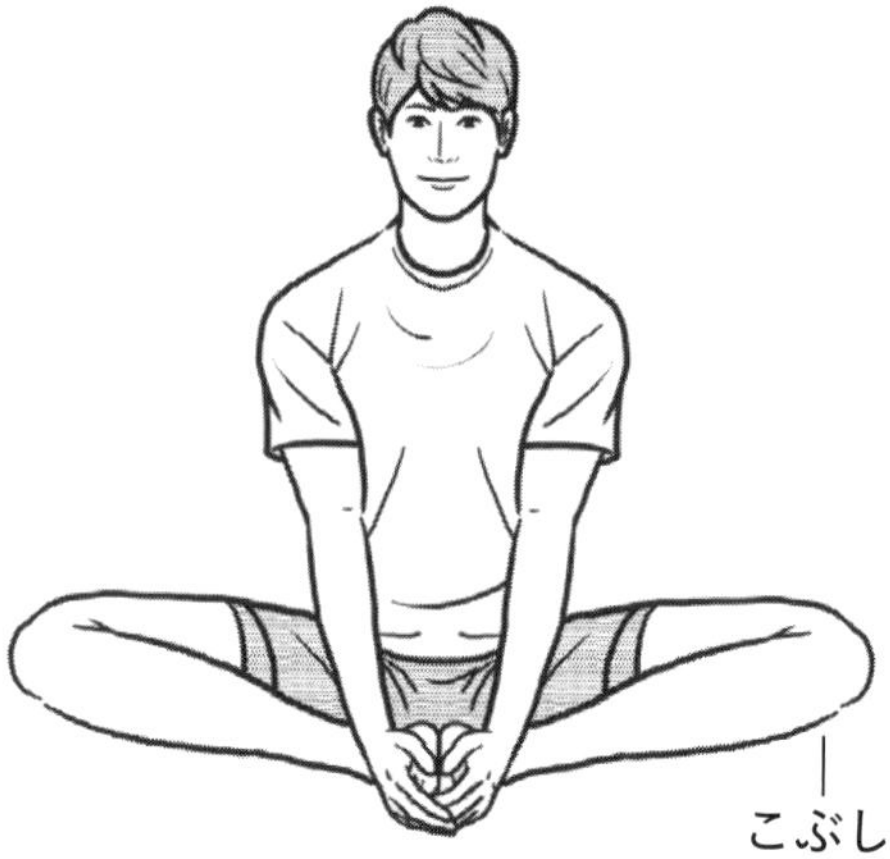
こぶし2個程度の
高さならOK

内転筋群　機能的柔軟性チェック

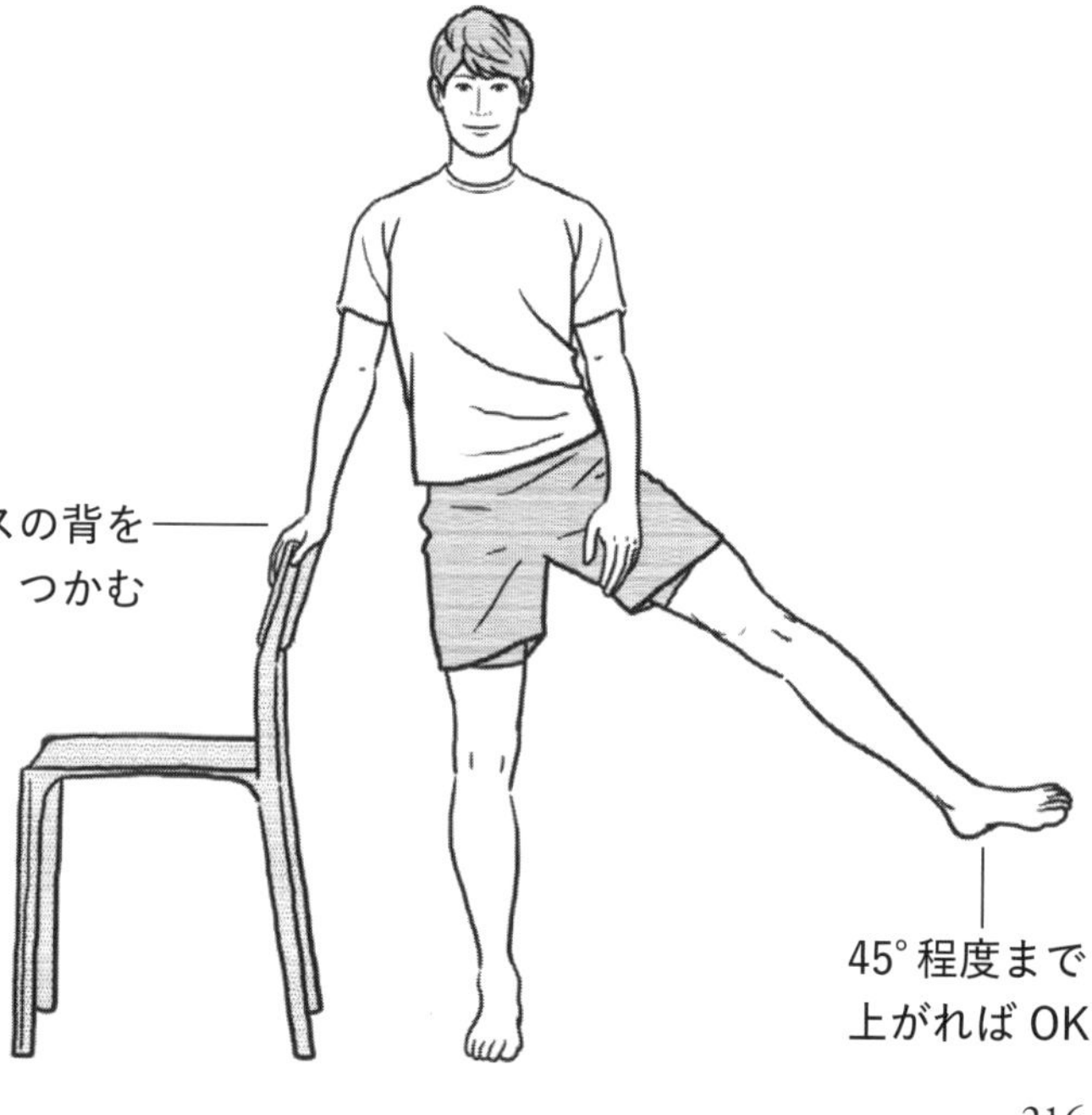

機能的柔軟性のチェックは立って行います。イスの横に立ち、背もたれを手でつかみ、おなかに力を入れ、イスから遠いほうの脚を付け根から真横に持ち上げていきます。太ももの内側が伸び、外側が縮んでいくことで脚が上がっていきます。軸足に対して45度程度の角度まで無理なく上がればOKです。鏡を見ながらチェックするとやりやすいでしょう。脚を上げようとするあまり、上体が反対側に倒れてしまわないよう、ドローインでおなかをグッと引き締めましょう。

内転筋群は加齢とともに衰えやすく、男性のほうが硬くなりやすい傾向があります。股関節だけでなく、膝痛や腰痛の原因にもなるので注意が必要です。

生理的柔軟性が不足している場合は、アセスメントのポーズをアレンジした静的ストレッチを行います。広げた両膝を自分の手で上から押して、「イタ気持ちいい」ところで30秒程度キープします。また、片方の脚を伸ばして行うと、伸ばしたほうの脚の恥骨付近までしっかり伸ばせます。試してみてください。

機能的柔軟性が不足している場合は、イスの横に立ち、手で背もたれをつかみ、おなかに力を入れて、イスから遠いほうの脚を、反動を使わずに付け根からできるだけ

内転筋群　静的ストレッチのバリエーション

高く横に持ち上げていきます。続いて、上げた脚をゆっくりと下ろし、軸脚と交差する位置まで持っていきます。これを5～10回繰り返します。

スポーツをやっている人で、インナーユニットとの連動をさらに鍛えて、より上体を安定させたいという方は、ペットボトルを使ったトレーニングがおすすめです。機能的柔軟性のトレーニングで、イスをつかまずにペットボトルを持ちます。ペットボトルを頭上に持ち上げると、上体が不安定になるので、インナーユニットがしっかり作動するようになります。試してみてください。

内転筋群　機能的柔軟性トレーニング

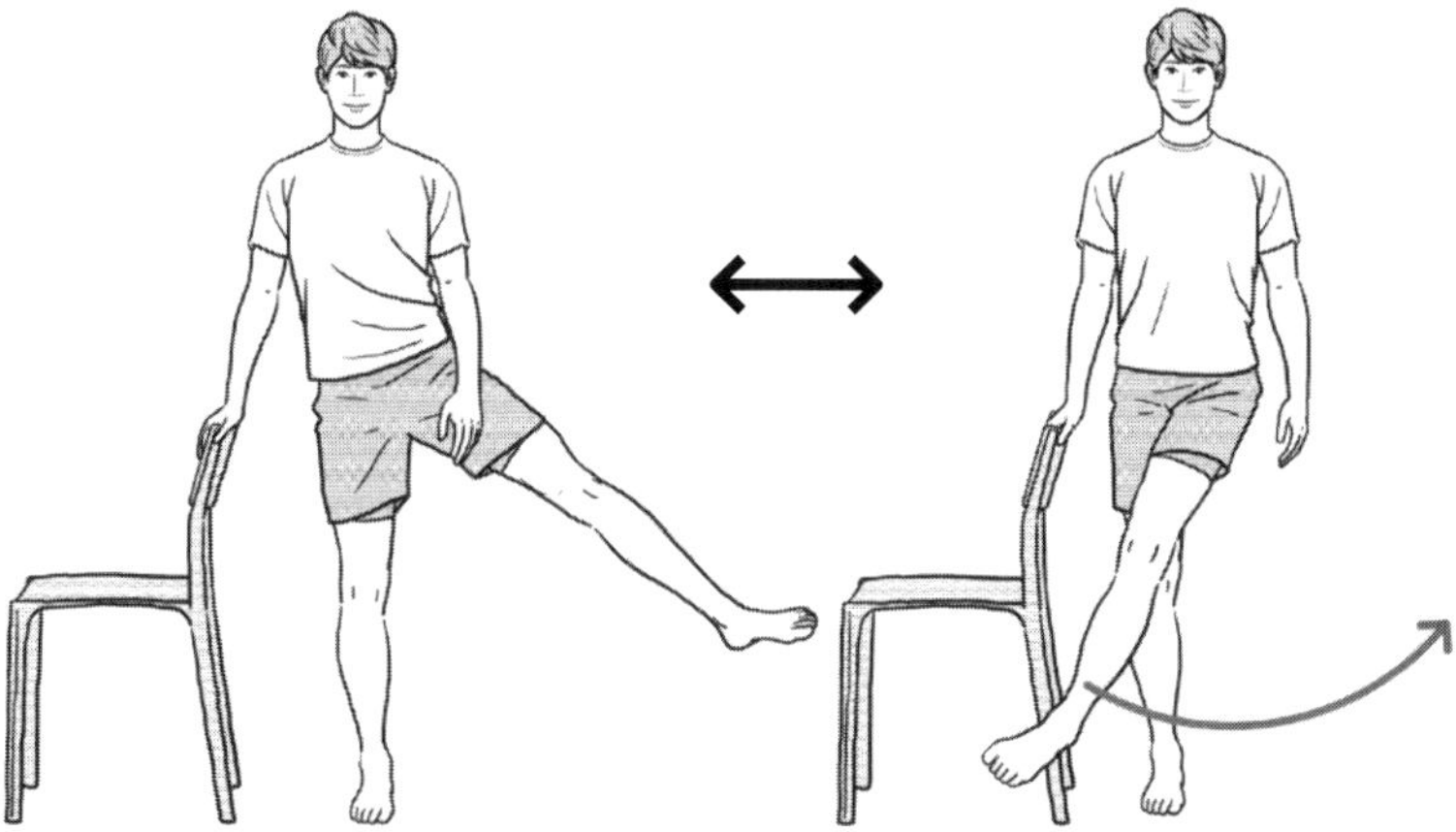
ゆっくりと脚を
持ち上げる

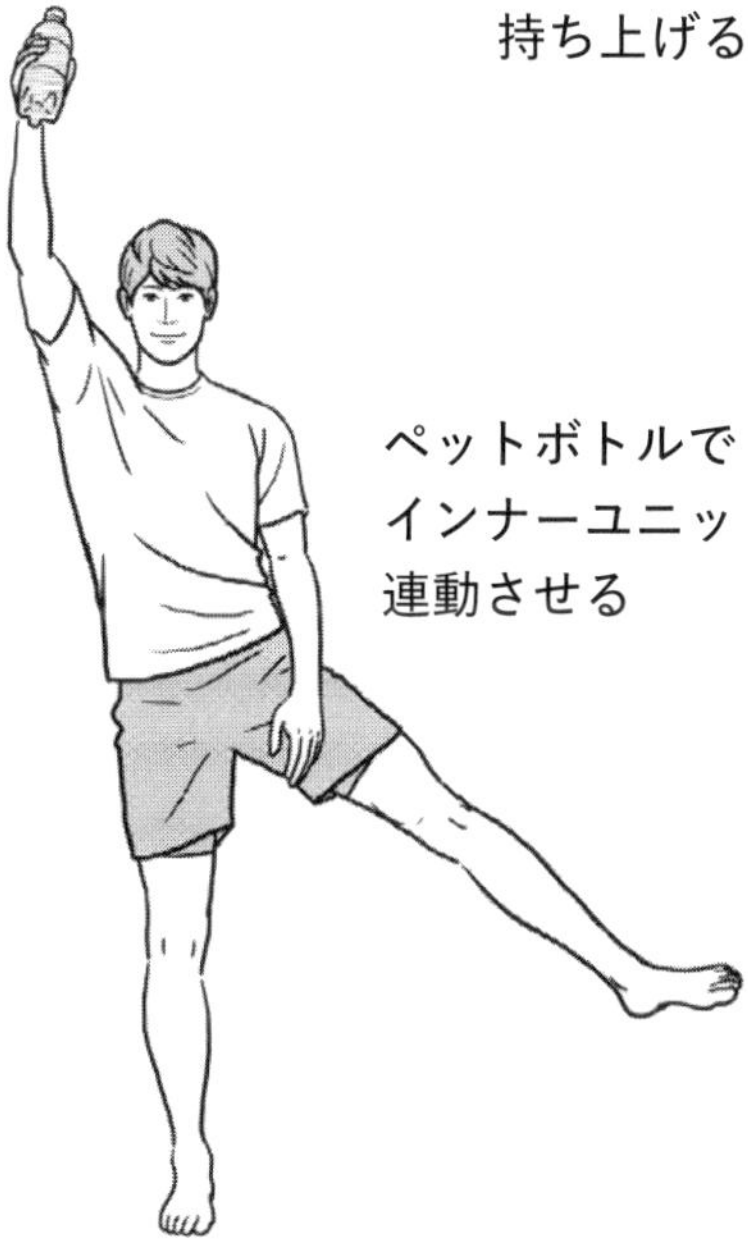
ペットボトルで
インナーユニットを
連動させる

外転筋群のチェック

最後に外転筋群です。大殿筋、中殿筋、大腿筋膜張筋、縫工《ほうこう》筋などで構成されています。股関節を起点にして脚を外側に開く、またぐといった動きに作用します。中殿筋は骨盤のブレを抑えたり、片脚立ちになったときに体を支えたりする際に働き、大腿筋膜張筋は歩行やランニングのときに脚を前に出す動きに関与します。

長時間にわたって歩いたり走ったりすると、外転筋群にかなりの負担がかかります。特に長距離ランナーでここが硬い人は故障につながりやすいので、走ったあとはしっかり伸ばしてケアしましょう。また、O脚の人は硬くなりやすい傾向があります。

外転筋群の生理的柔軟性をチェックするには、立った状態で両手にタオルを持ち、頭上に腕を伸ばし、片足を後ろに引き、両脚を交差して、引いた足を反対側の足よりも外側に持っていきます。息を吐きながら、後ろに引いた足を持っていったほうへと上体を倒します。

この体勢で、伸ばした側の上体の脇、そして骨盤の横の筋肉が、それぞれどれぐらい引っ張られる感じがするでしょうか。もし、上体の伸び感よりも、骨盤の横のほう

外転筋群　生理的柔軟性チェック

足を後ろに引いて
外側に

外転筋群　機能的柔軟性チェック

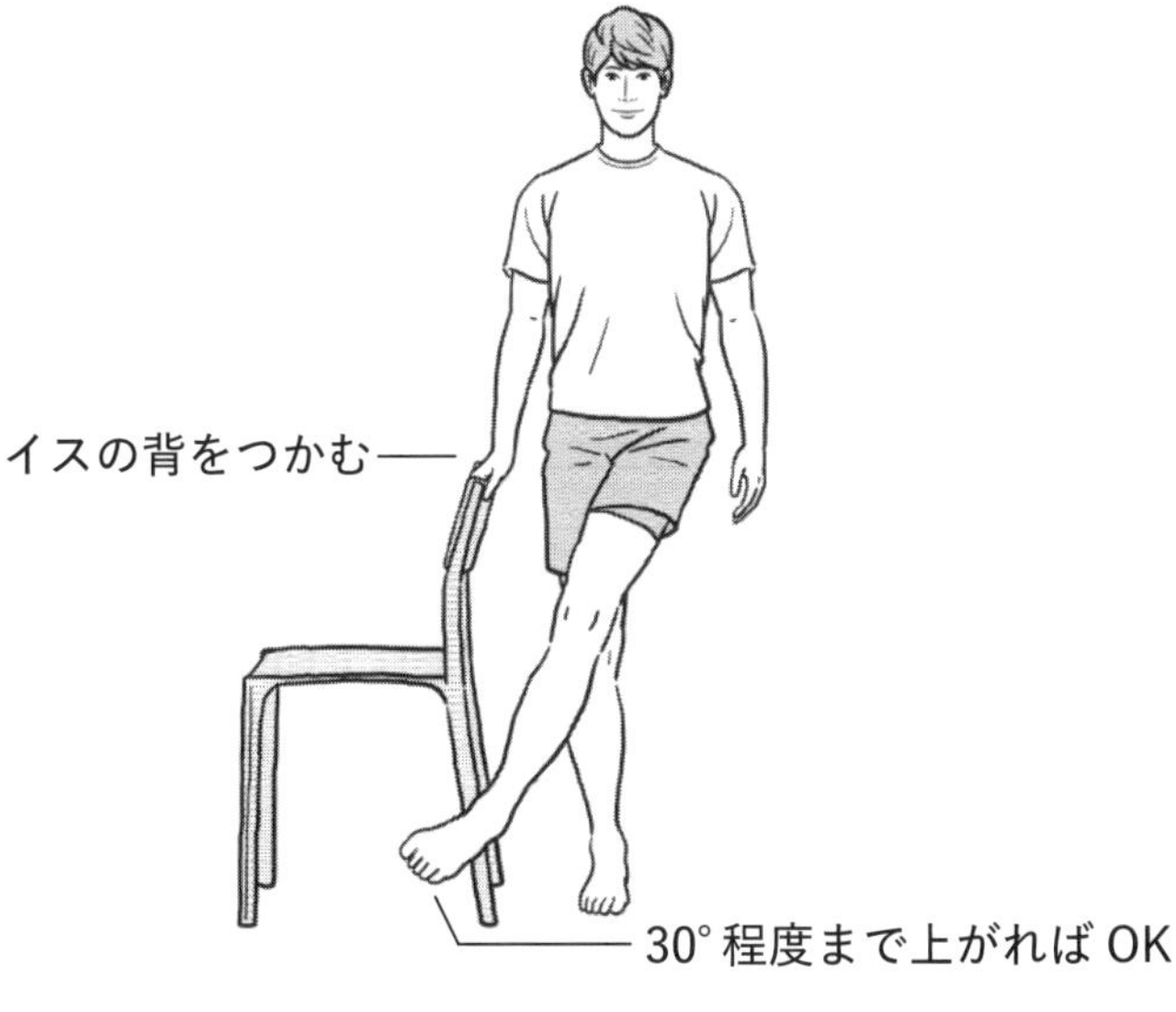
イスの背をつかむ
30°程度まで上がればOK

が引っ張られる感じが強いのであれば、外転筋群が硬くなっています。また、左右逆側で行ったときの伸び感も同じである状態が理想です。

続いて機能的柔軟性をチェックします。イスの横に立ち、手で背もたれをつかみ、息を吐きながら、イスから遠いほうの脚をまっすぐ伸ばした状態で付け根からイスのほうに向かって持ち上げていきます。軸足に対して30度程度まで上げられるかどうかをチェックしましょう。

このとき、体をねじらないようにして、胸、おなか、骨盤を正面に向けたまま行います。体がグラグラしてしまう方は、インナーユニットがうまく使えていません。ふだん歩いたりするときも、動作のなかでインナーユニットが入らず、上体が不安定になっているかもしれません。

生理的柔軟性が不足している場合は、静的ストレッチで外転筋群を伸ばしていきます。先ほどの生理的柔軟性のチェックのポーズがそのまま静的ストレッチになるので30秒ほどキープしましょう。また、あお向けで行う外転筋群の静的ストレッチもあります。あお向けの上体でタオルを片方の足の裏に引っかけて、タオルの両端を反対側

外転筋群　静的ストレッチのバリエーション

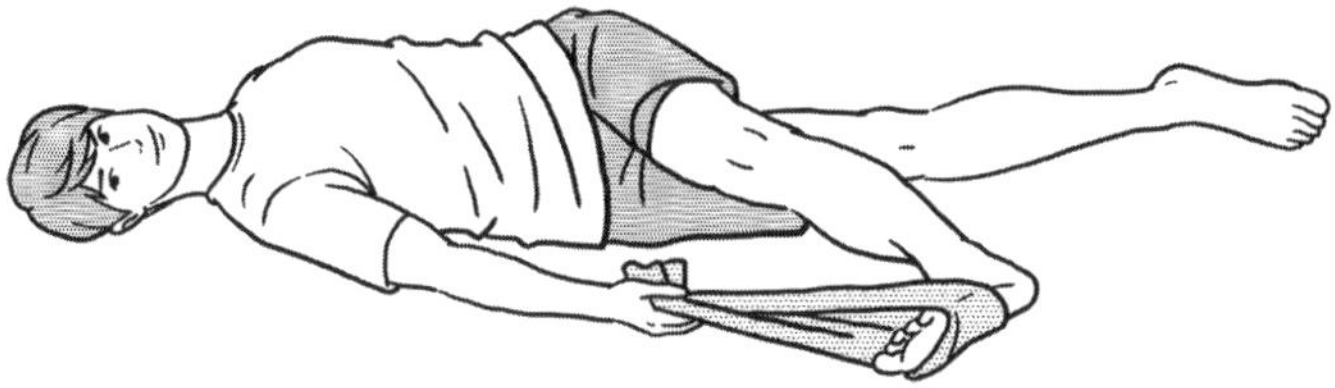

タオルを足の裏にかけ
引っ張る

の手で持ちます。膝を曲げないようにして、タオルを持つ手のほうへ足を引っ張り、30秒程度キープします。外転筋群が硬い人は、伸ばしている足や対角線上にある肩が床から浮いてしまいます。肩を床につけた状態で、タオルをかけた足が床につくぐらいの柔軟性を目指しましょう。

機能的柔軟性が不足している場合は、イスの横に立ち、手で背もたれをつかみ、イスから遠いほうの脚を一度外側に開き、つま先を床につけ、そこから息を吐きながら、開いた脚を付け根からゆっくりと内側へと持ち上げていきます。できるだけ高く上げたら、ゆっくりと元の位置に戻します。5

外転筋群　機能的柔軟性トレーニング

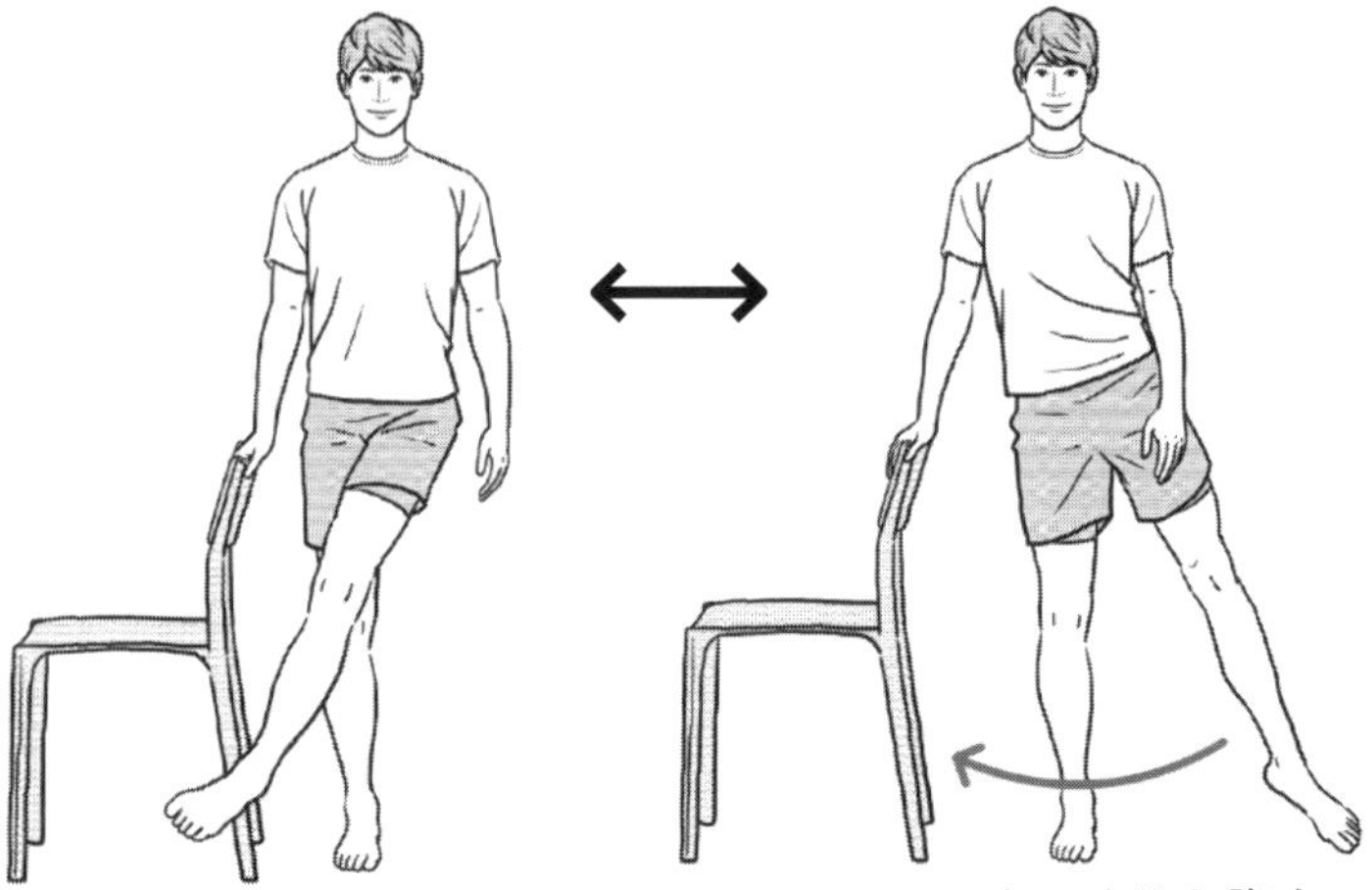
ゆっくりと脚を
内側に

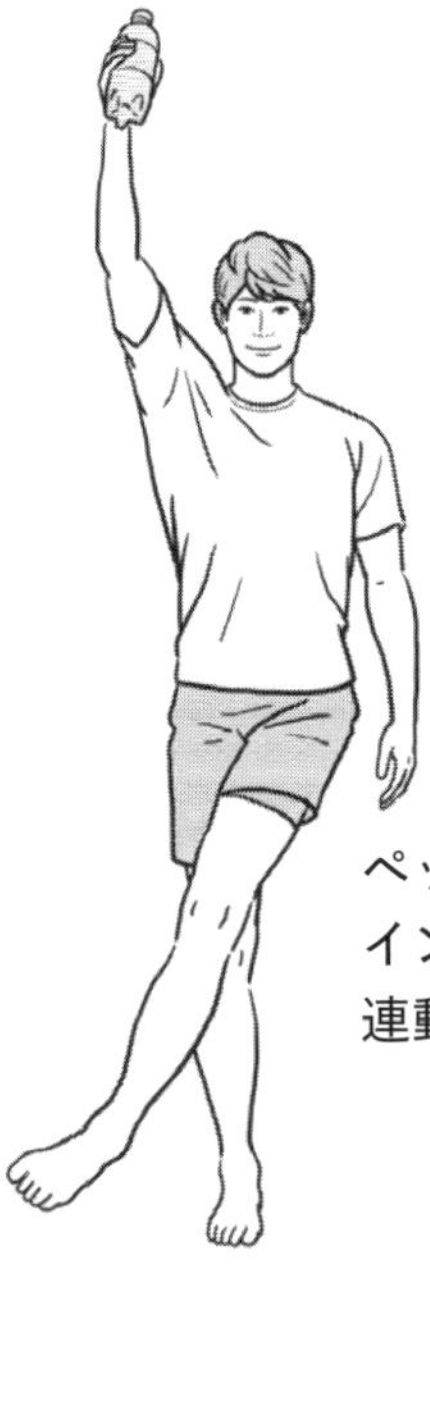
ペットボトルで
インナーユニットを
連動させる

〜10回行いましょう。

インナーユニットとの連動をさらに鍛えたいときは、イスは使わずに、中身の入ったペットボトルを手に持って、腕を天井に向かって伸ばすといいでしょう。上体が不安定になるので、インナーユニットがしっかり作動するようになります。

自分の体の問題を自分で見つける

この章では、ハムストリングス、大腿四頭筋、大殿筋、内転筋群、外転筋群という5つについて、生理的柔軟性と機能的柔軟性をチェックする方法を紹介してきました。繰り返しになりますが、股関節に関与する筋肉のどこかに硬さがあると、骨の位置がズレて、機能不全が起きやすくなります。私は実際にパーソナルトレーニングの現場で、この章で紹介した方法でどこに問題があるのかを探り、改善していきます。問題のある筋肉を特定するのにもこれだけプロセスが必要だということがわかっていただけたでしょうか。

私は長年、トレーニングの情報をテレビや雑誌、ウェブなどのメディアで発信してきました。毎回、何を伝えるべきかで葛藤しています。というのも、トレーニングというものは「個別性」が非常に大きく、効果的なストレッチや筋トレは人によって異なるのに、メディアでは放送時間や誌面スペースも限られているので、「〇〇にいいストレッチを2つ紹介してください」などとお願いされてしまうのです。

どの筋肉に、どんな問題が起きているのかによって、取り組むべきメニューは変わってきます。この2つだけをやっておけばすべての問題が解決するというストレッチや筋トレというのは、存在しないでしょう。人によっては逆効果で、悪化してしまう場合だってあります。

それでも、悩みに悩んで、このメディアなら情報を受け取る側はこんな人だろうから、こんなメニューがいいだろう、と与えられた条件のなかでだいたいどんな方が取り組んでも安全にできるものを提供しています。

一方、本書ではしっかりとページを割いて、どの筋肉に問題があるのかを探る方法を紹介してきました。人によっては、「手間がかかるな」と感じたかもしれません。しかし、じっくりと自分の体と向き合い、自分で体の状態を改善するプロセスを体験していただきたくて、1つひとつやり方を紹介してきました。

さて、次の章では、股関節の可動域を適正な状態に持っていく方法をご紹介していきます。年齢を重ねるに従って、股関節の可動域が狭くなってきたと感じている人もいるかもしれません。主に動的ストレッチを利用して、徐々に可動域を広げていきましょう。

第5章

股関節の可動域を広げる

小さな筋肉の緊張をゆるめる

モビライゼーション

この章では、股関節の可動域を適正な状態にしていきます。そもそも「可動域が適正」とはどういう状態でしょうか。

手の指の動きで説明してみましょう。人差し指を曲げてみると、第2関節が90度曲げられることがわかります。ここの関節は、曲げる・伸ばす、つまり屈曲と伸展の動きが得意な関節ですね。

曲げようとして、途中で引っかかったり、違和感があったりする場合は、前の章で行った「柔軟性のバランスを整える」プロセスが必要になります。ストレッチにより筋肉の柔軟性が回復したら、次はその関節をよく動かしていきます。人差し指の関節の曲げ伸ばしを繰り返してみてください。繰り返すことで指はどんどんよく動くよう

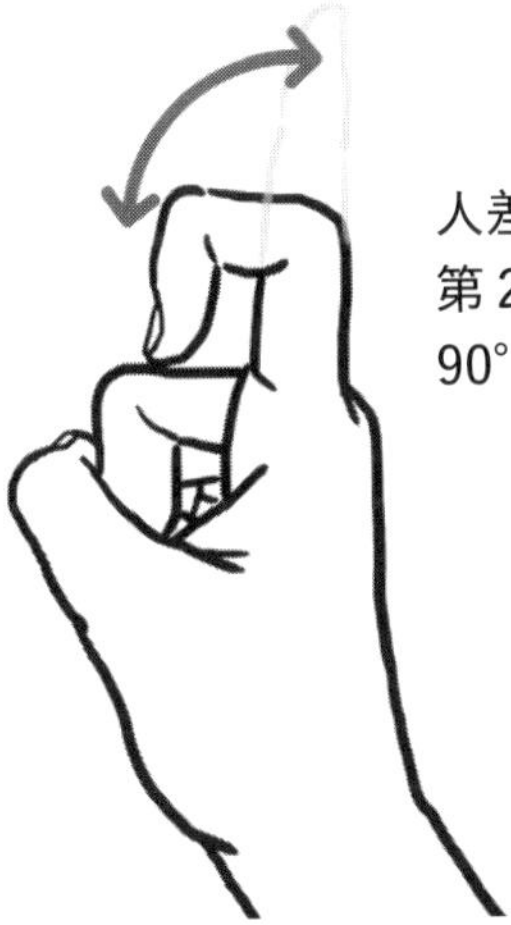

になります。股関節も同じで、繰り返し動かせばどんどん動きがなめらかになります。そして、可動域が狭かった人も、動きがなめらかになるにつれて、可動域が広がっていきます。

つまり、可動域が適正な状態とは、可動する範囲が十分であることと、動きがなめらかで無理がないことなのです。そして、そのためのトレーニングは、この章で行う動的ストレッチです。

脚をユラユラする

股関節の可動域を適正にする動的ストレッチを始める前に、「モビライゼーション」に取り組みましょう。股関節に関与する筋肉は23もありますが、このうち奥のほうにある小さな筋肉をほぐすのがモビライゼーションです。第1章で紹介した「外旋六筋」を思い出してください。これらは股関節の回旋で使われますが、こうした小さな筋肉をモビライゼーションでほぐしていくのです。

静的ストレッチは筋肉を引っ張って伸ばしますが、モビライゼーションは「ゆるめる」イメージです。貧乏ゆすりのように細かく、ユラユラと関節を動かします。股関節周囲の奥のほうにある小さな筋肉の緊張をほぐし、あとで行う動的ストレッチで大きな筋肉の動きをよくしていきます。

モビライゼーションの効果を実感してもらうために、まず簡易的なアセスメントを行います。それは、あお向けに寝て体の力を抜くだけです。左右の股関節の周囲が引っ張られる感じはないでしょうか。右と左で差はないでしょうか。足が倒れて床につきますでしょうか。また、股関節の周囲の筋肉が緊張していると、反り腰になります。どうでしょうか。このときの感覚を覚えておいてください。

それでは実際にモビライゼーションをやってみます。床に座り、両手は体の後ろにつき、両脚は前に伸ばし、上半身の力を抜きます。両脚を付け根から内側、外側と

簡易アセスメント

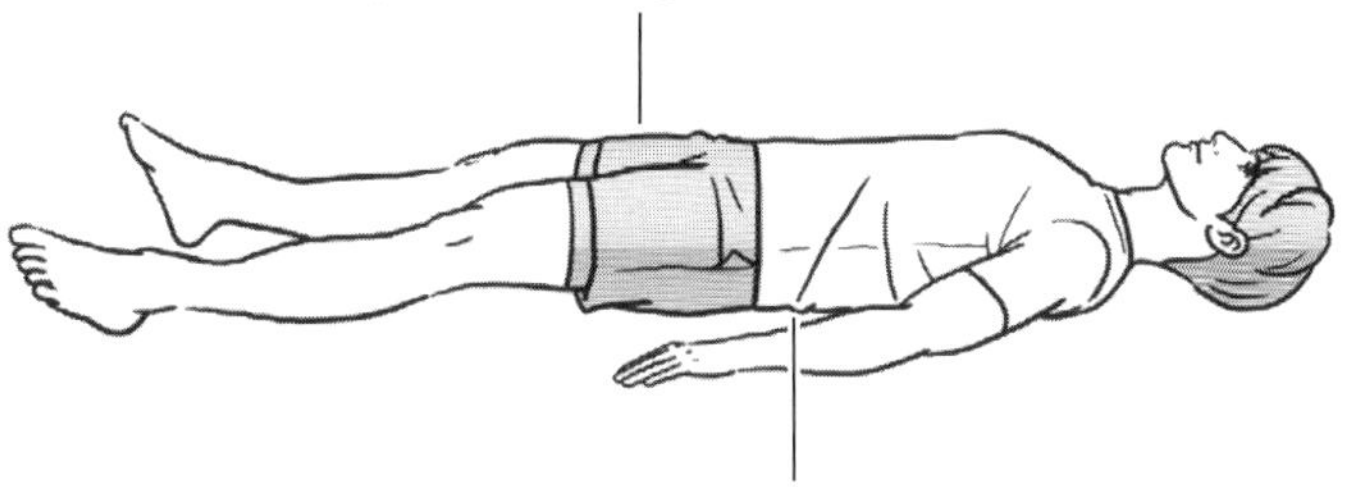

股関節周囲が
引っ張られる感じはないか
反り腰になっていないか

モビライゼーション

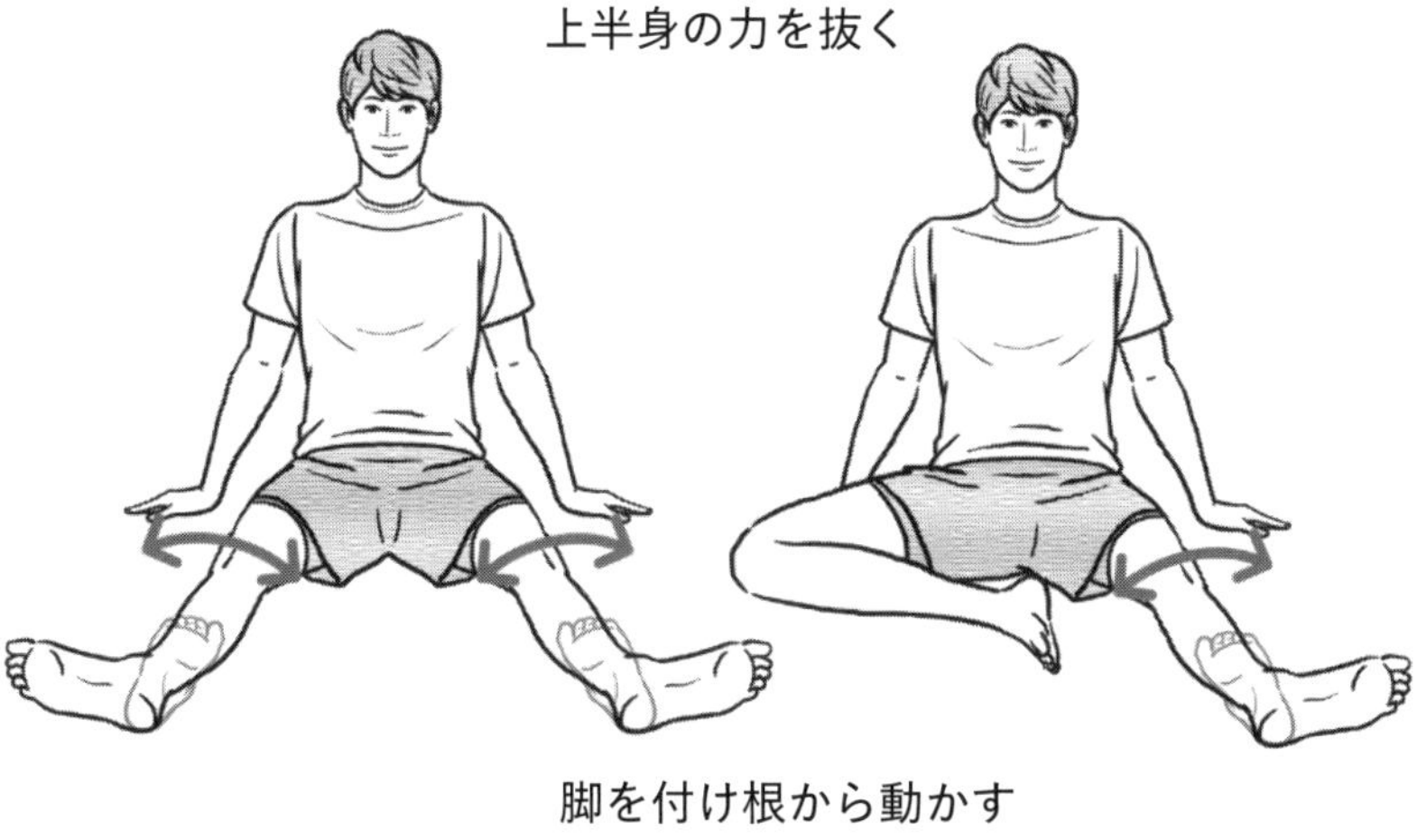

上半身の力を抜く
脚を付け根から動かす

交互にユラユラと動かし、これを30秒程度続けます。

次に、片方の膝を曲げて横に広げ、もう片方の脚だけを前に伸ばし、内側、外側と交互にユラユラと動かします。30秒程度続け、左右反対側も同様に行いましょう。

ポイントはなるべくリラックスして行うことです。自宅でテレビを観ながら行うイメージで、おなかの力も抜きます。片脚だけのモビライゼーションでは、曲げた脚の側の骨盤が固定されることで、もう一方の股関節を効果的に動かせます。

では、もう一度、あお向けに寝てみてください。股関節の周囲が引っ張られる感じがなくなり、反り腰も解消されていたらベストです。目安としては、床と腰のカーブの間がギリギリ手を差し込める程度であればうまくほぐれています。

アスリートは運動後に行う

モビライゼーションは、硬くなった小さな筋肉をほぐす効果があります。ロープの結び目がギュッと固く結ばれてしまったとき、クシュクシュと細かく動かすとゆるみますよね。これに近いイメージです。

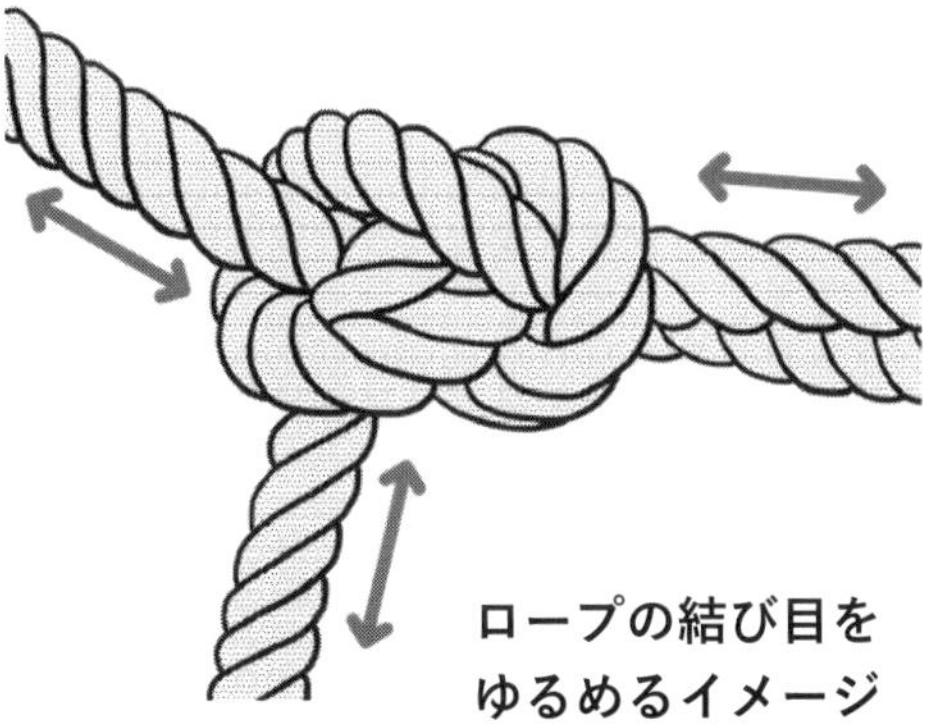

この章では、股関節を適正にするための動的ストレッチを行う前に、ウォーミングアップ的にモビライゼーションをやりました。一方でアスリートは、モビライゼーションを運動後のケアとして行います。使いすぎで緊張した筋肉をゆるめる作用があるからです。就寝前に行うとスムーズな入眠を促し、疲労回復につながります。

そして、アスリートの場合、本来は自分で行うのではなく、トレーナーが脚を持って左右に動かします。なるべく脱力して行うといいものだからです。自分で脚を動かそうとすると、つい力が入ってしまいますよね。ですから、自分でモビライゼーションを行うときも、誰かに動かしてもらっているイメージでやると、うまくいくでしょう。

動的ストレッチで動きをなめらかに

それでは、股関節の主に回旋の可動域を適正にするための動的ストレッチを行っていきます。

その動的ストレッチとは「ニークロスオーバー」です。このニークロスオーバーには、４つの段階があります。股関節に違和感があり、機能不全を起こしている人がいきなり大きく動かすのは危険なので、少しずつ可動範囲を広げていきましょう。最初の段階では動きが小さく、狭い範囲で動かしていきます。

もし、段階を上げたときに違和感があったら、１つ前の段階に戻ってください。自分がどこまでできるのかを確認し、徐々に動かせるようにしていくことが大切です。繰り返し行うことで自然と次の段階もできるようになっていきます。

ニークロス
オーバー

そして、慣れてきたらインナーユニットを連動させて上半身を安定させることもポイントです。

ニークロスオーバー〈レベル1〉

それではニークロスオーバーのレベル1からまず紹介していきます。

床に座り、上半身の力を抜き、両手を後ろにつきます。両膝を立て、両脚を左右に大きく広げます。両膝を同じ側にゆっくりと倒し、それから中央に戻します。続けて両膝を反対側にゆっくりと倒し、また中央に戻すというのを繰り返します。膝同士が当たる場合は、両脚の幅をもう少し広げましょう。往復で20~30回を目安に行います。

レベル1では、可動範囲を狭く設定しています。自分から見て右側に倒すときは、左のすねが床に対して45度になるくらいで十分です。これが問題なく行えたら、レベル2に進みます。

ニークロスオーバー　レベル1

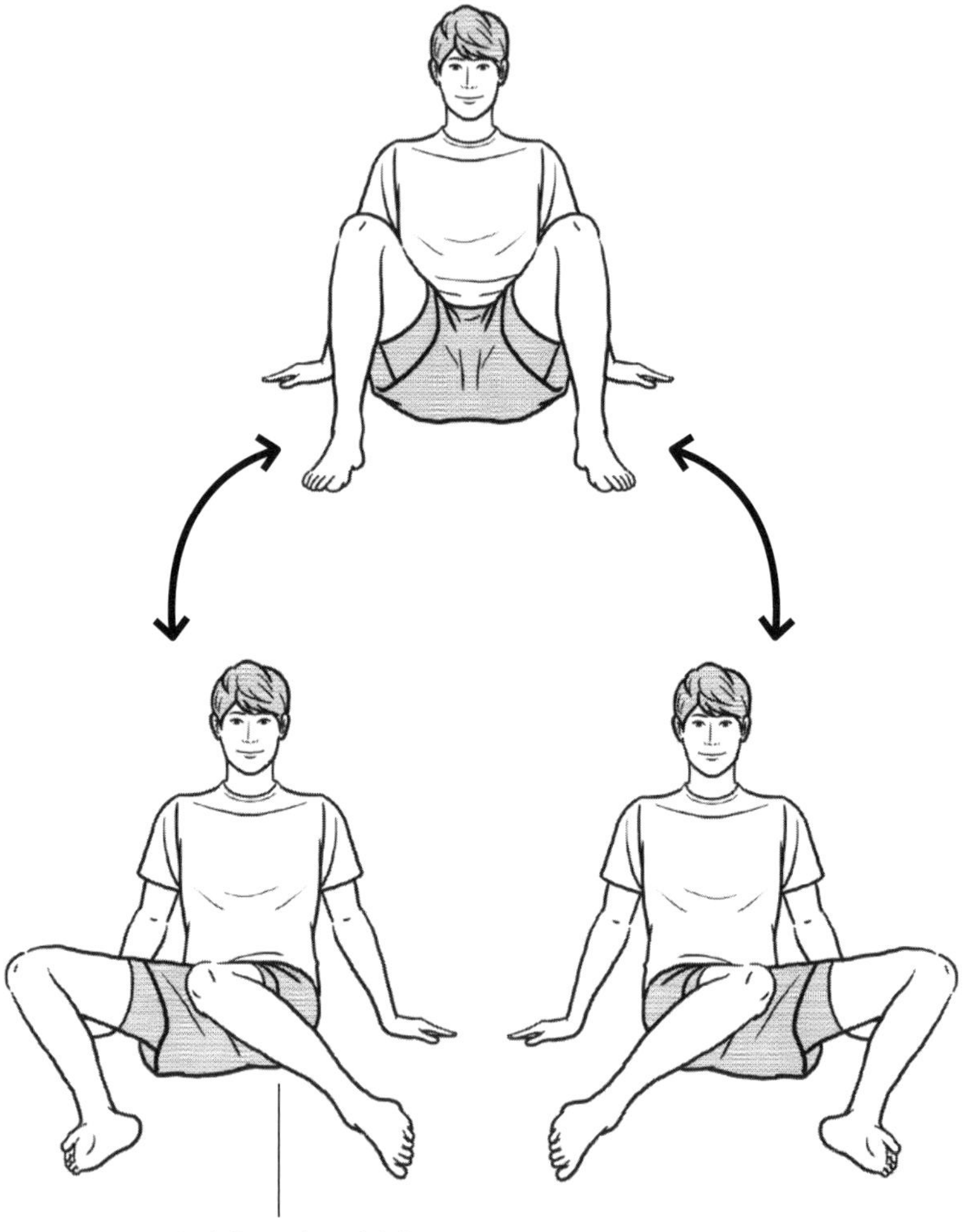

ニークロスオーバー〈レベル2〉

ニークロスオーバーのレベル2でも、基本的なやり方はレベル1と同じで、両方の膝をより深く倒します。どれぐらい倒すのかというと、膝が床につかないギリギリの高さで止めるという感じです。そして、膝を倒す方向とは反対側のお尻が少し浮きます。

可動する範囲を広げてみて、どうでしょう。脚を倒したときに、股関節が引っかかる感じがするということはないでしょうか。その場合は、無理せずレベル1に戻ることをおすすめします。また、意図せず膝などがペタンとついてしまう場合も要注意です。股関節を支えるための筋力が弱いからかもしれません。

レベル2が無理なくできたら、次はレベル3です。

ニークロスオーバー〈レベル3〉

レベル3では、さらに深く倒していきます。膝が床につくまで倒してみましょう。

ニークロスオーバー　レベル2

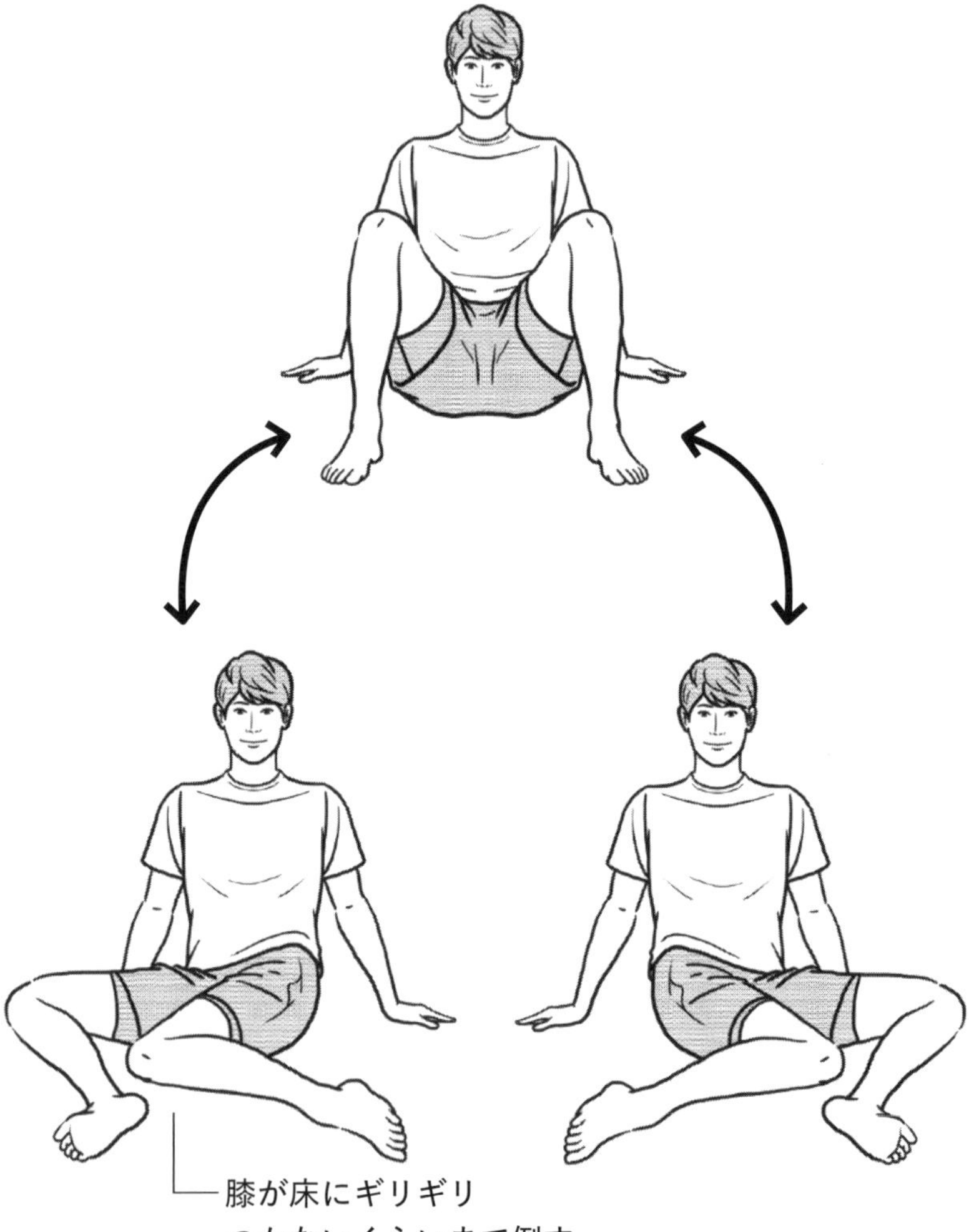

膝を倒すとき、反対側のお尻が浮かないと、深く倒れません。腰を少しグッと入れ、背筋を伸ばすようにしましょう。また、この動きで支点になっているのは仙骨です。ちょうどお尻の割れ目の一番上あたりが仙骨の底にあたり、ここが床につきます。床に仙骨が当たって痛い場合は、タオルなどを敷いて行ってください。

ニークロスオーバー〈レベル4〉

レベル3でも問題なく行えるようになったら、今度はレベル4です。レベル4では、可動範囲は変わりませんが、手の位置が変わります。手を後ろにつくのではなく、体の前で手を重ねましょう。こうすることで上半身の重さを手で支えることができなくなり、体幹への負担が増します。つまり、脚の動きに合わせてインナーユニットを連動させる必要が出てくるのです。

レベル4にチャレンジしてみて、上体が安定しなくて難しいと感じた場合、両手を重ねるのではなく少し広げると、バランスがとりやすくなって難易度が下がります。この状態で繰り返し行い、インナーユニットの連動に慣れてきたら、両手を少しずつ

ニークロスオーバー　レベル3

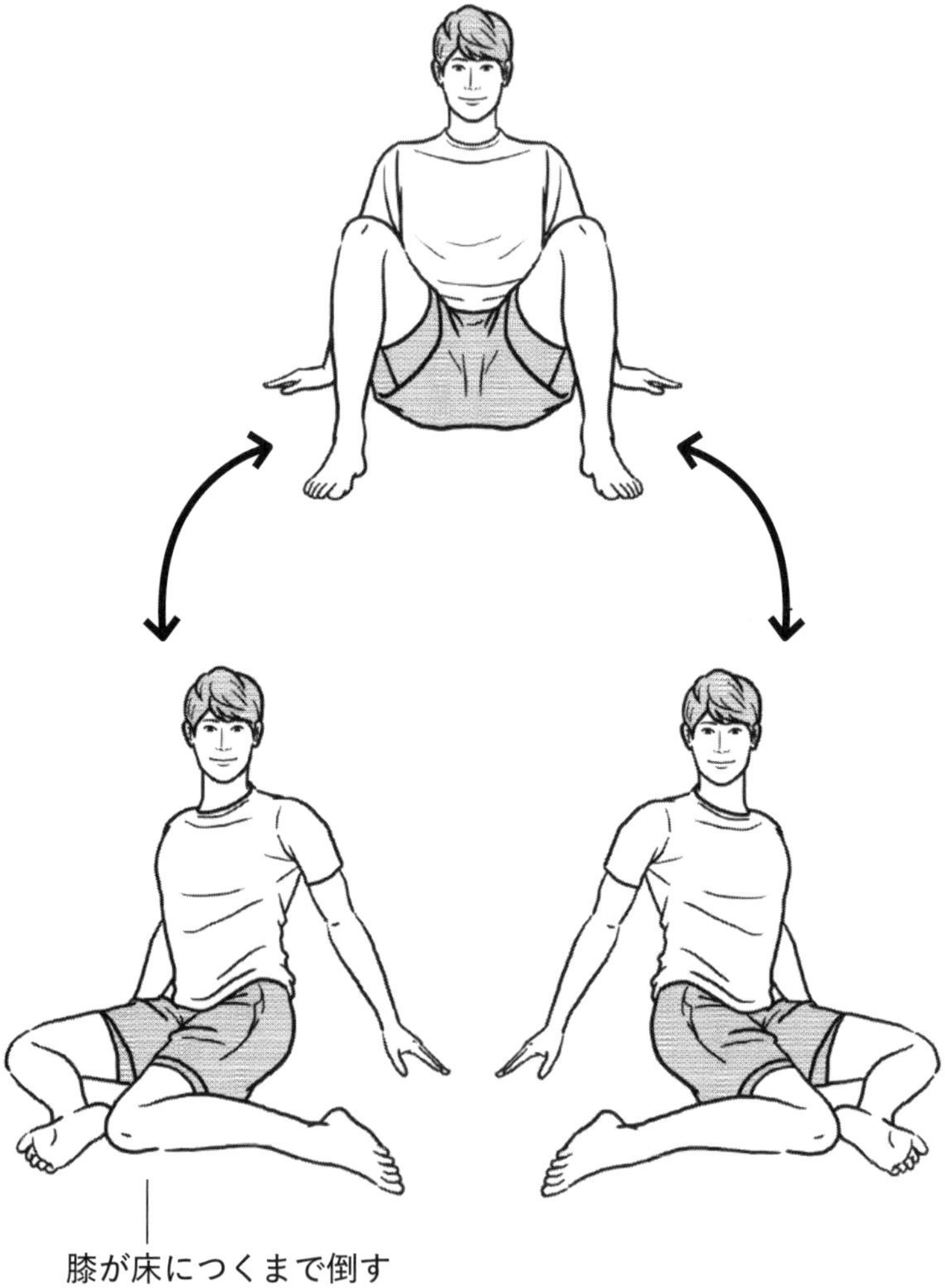

ニークロスオーバー　レベル4

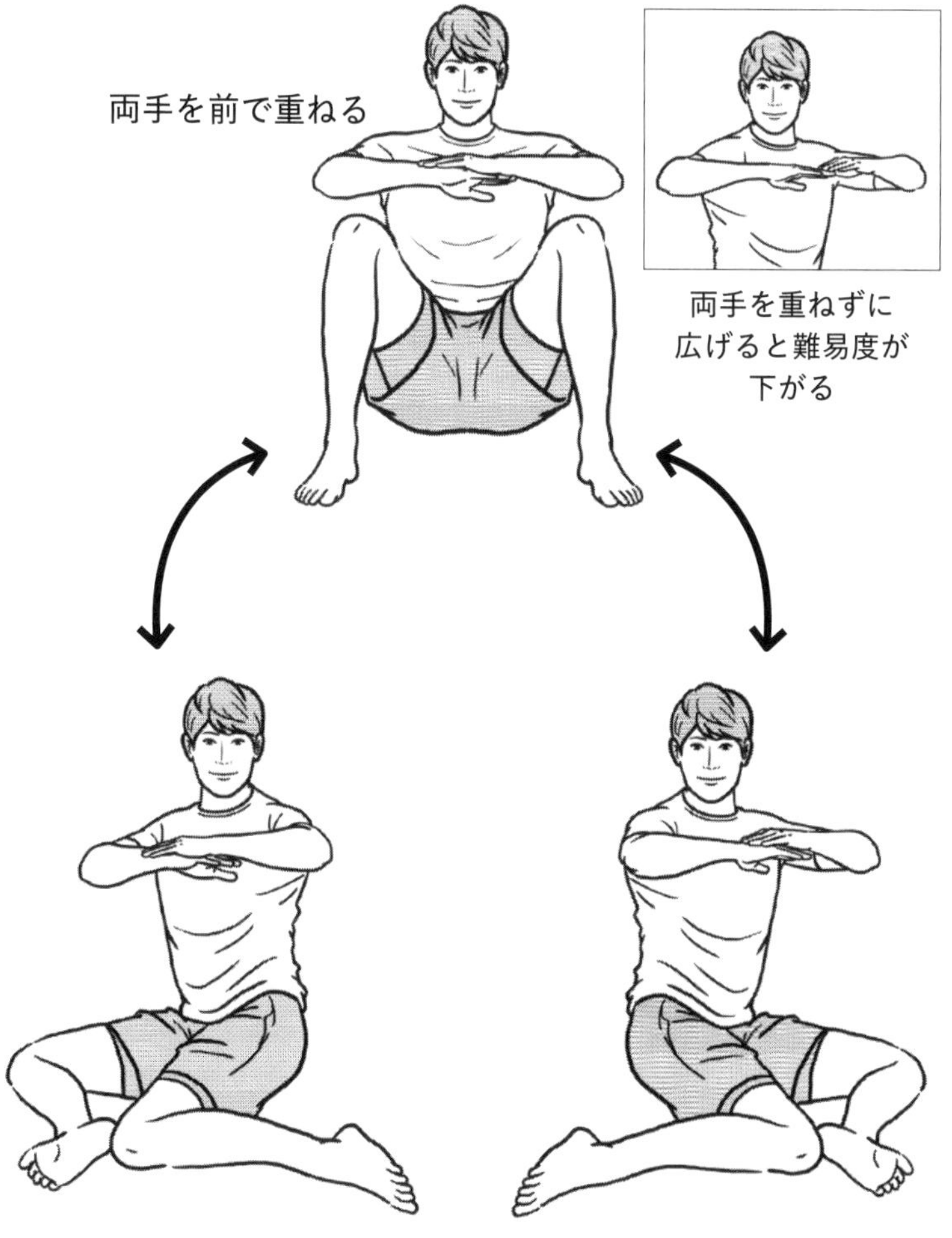
両手を前で重ねる
両手を重ねずに
広げると難易度が
下がる

重ねていくといいでしょう。

レベル3までは手を後ろについていたので、体幹にかかる重さは限られていました。レベル4では体幹にかかる重さがグッと増えるのですが、日常生活の動作は基本的にそうなります。つまり、レベル4こそが日常の動作の条件に近いというわけです。その状態でインナーユニットと連動することを体に覚えさせることに意味があります。

私もかつて、ニークロスオーバーをやってみたときに、股関節に違和感というか、詰まっている感じを覚えたことがありました。そこで、レベルを落として繰り返しやってみたところ、徐々に詰まりがとれて、いつもと同じ状態に戻ったのです。

このように、関節の可動域とは常に一定の状態にあるわけではありません。一時的に違和感や詰まりが生じて、可動域が狭くなるときもあるでしょう。そうなっても、できる範囲で動的ストレッチを繰り返していけば、やがて可動域が広がって、なめらかに動かせるようになるのです。

小さな筋肉を強い力で伸ばす

インターナル
ローテーション

ニークロスオーバーによって股関節の可動域が適正な状態になってきたでしょうか。ニークロスオーバーは主に回旋の動きを取り入れていますが、これにより股関節の屈曲・伸展や、内転・外転についても、同様に動きがなめらかになってくるでしょう。

続いて、股関節の奥のほうにある小さな筋肉に戻りましょう。これらの小さな筋肉がとても硬くなっていた場合、先ほどのモビライゼーションでほぐすだけでは不十分です。そこで、強い力で小さな筋肉を伸ばすストレッチである「インターナルローテーション」を紹介します。

ただし、インターナルローテーションは負荷も強いので、少しでも痛みを感じた場合は中止し、もう一度モビライゼーションから取り組んでみてください。

インターナルローテーションの手順は、まず床に両脚を開いて座り、片方の足のかかとを股間に近づけ、もう片方の足はお尻の後ろに持っていき、手で足首あたりを持ちます。息を吐きながら、手でつかんだ足を上へ引っ張り、30秒程度キープします。その後、床に戻し、これを5～10回繰り返します。

ポイントは、足を引っ張る際に、大腿骨を根本から回すイメージで行うことです。足の裏を天井に向けるように動かすとうまくいくでしょう。

梨状筋を伸ばす

このインターナルローテーションは、外旋六筋の1つである梨状筋が硬くなっている人には欠かせないストレッチです。

梨状筋は腰椎（背骨）から骨盤をまたがって大腿骨に付着しています。そのため、硬くなると股関節の動きにも制限がかかります。また、梨状筋が硬くなっている人は、硬くなっている側の股関節が外旋しやすくなってしまいます。

インターナルローテーション

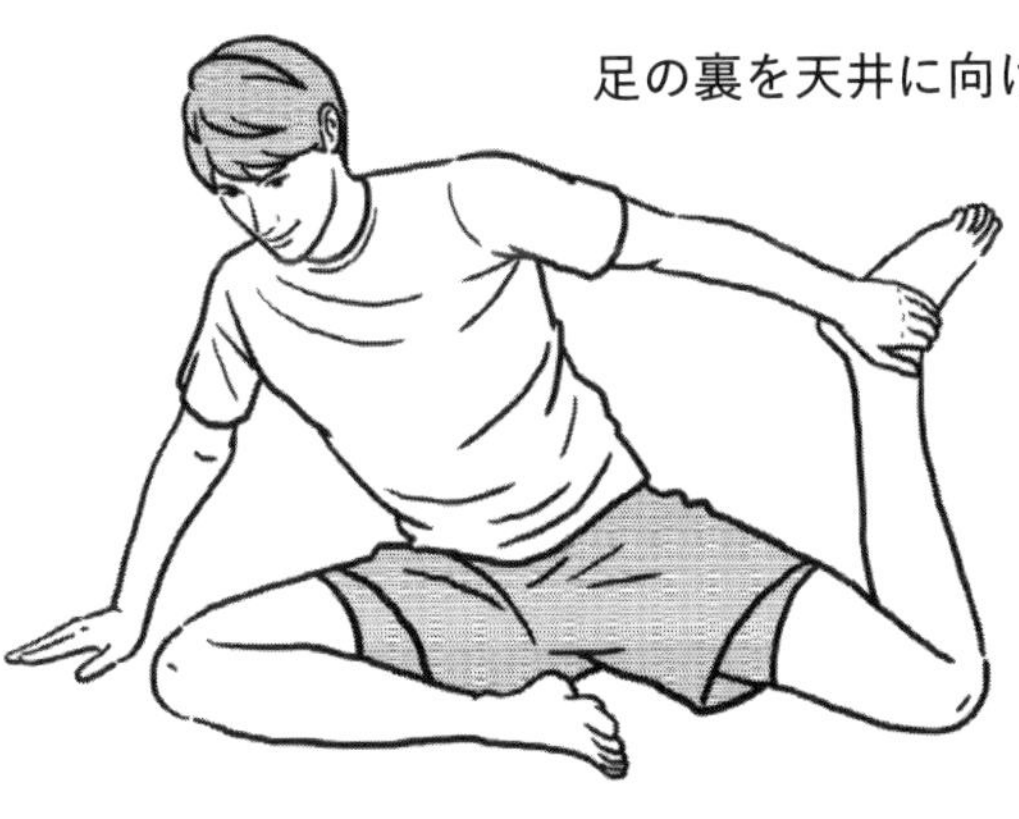

私も左側の梨状筋が少し硬いので、真っすぐ立ったときに、どうしても左の股関節が詰まりやすいうえ、左脚が少し外側を向きます。仕事柄、動きのお手本を見せる機会が多いのですが、片脚で立つ動作を行うときは、右脚を使います。そのほうがバランスがとりやすく、正確にできるからです。

梨状筋が硬いと、腰が張ったり、腰痛が起きたりすることがあります。腰痛の正体が、実は梨状筋が硬くなることによって発症する梨状筋症候群だと診断を受ける方も多いのです。特に、長い時間座りっぱなしで腰が痛い人は、梨状筋が硬くなっていることが原因かもしれません。インターナルローテーションを入念に行いましょう。

一方、長距離ランナーなどのアスリートも、梨状筋を使いすぎて硬くなってしまうことが多いので、インターナルローテーションを行います。ただ、アスリートは、自分で行わずに、チームメイトやトレーナーが足を持って動かします。部活動やランニンググループなどで行うときも、誰かにサポートしてもらうと、より楽にできます。

次の章では、股関節を「安定させる力」と「動かす力」のトレーニングです。可動域が適正になっても、動作に必要な筋力がなければ動かしづらいままです。しかもその筋力とは、一般的な筋トレで鍛えられるものではありません。

また、「安定させる力」には、上半身のブレを少なくするためのインナーユニットとの連動も含まれます。どのようなトレーニングになるのか、ぜひご覧ください。

第6章

股関節を鍛える

足元が不安定な状況で体を動かす

ここまで、股関節の周囲にある筋肉のバランスを整え、可動域を適正な状態にしてなめらかに動くようにしてきました。この章では、股関節を「安定させる力」と「動かす力」を鍛えていきます。

章のタイトルが「股関節を鍛える」となっていますが、もちろん関節そのものは鍛えることができません。より正確にいえば、股関節が関わる動きに必要な力を出すための筋力を鍛えるということです。そうやって鍛えないと再び機能不全に陥ってしまう可能性が高いのです。

こうした筋力は、一般的な筋トレでついてくるものでもありません。例えば、スクワットさえやっていればＯＫ、ではないのです。さまざまな筋肉が連動し、一連の動

スタビリティトレーニング

きのなかでどうやって力を発揮するのか、ということをトレーニングを通じて体に覚えさせていく必要があります。

私は、パーソナルトレーニングの現場では、最初に「安定させる力」をつけるトレーニングを行い、その次に「動かす力」をつけるトレーニングを行っています。先に「安定させる力」をつけておけば、動作が安定しその後の故障がグッと減るからです。しかし、大きな大会が迫っているアスリートなどは、じっくり時間をかけていられないということもあるでしょう。そのような場合は、安定させるトレーニングと動かすトレーニングを並行して行うことがあります。

インナーユニットをチェック

では「安定させる力」のトレーニングを始めましょう。股関節を動かしたときに自然とインナーユニットが連動して、体がブレない状態を目指します。ここでは「スタビリティトレーニング」によって、股関節の周囲や体幹の使い方を体に教えます。

その前に、自分にどれぐらい安定させる力があるかを、アセスメントで確認しておきましょう。これまでに紹介したアセスメントの「回旋」でもかまいませんし、もっと簡易的に、イスを使わずその場で片脚立ちで回旋の動作を行ってもいいでしょう。

片脚立ちになって股関節の回旋の動作を行うと、インナーユニットが働き、そのほかにもふくらはぎや太ももの前側、背中などの筋肉が連動することで体は安定します。体がどれだけブレずにすむかということを確認しておくのです。もちろん、トレーニングをやったあとにも、アセスメントでどれぐらい改善できたかを確認しましょう。

スタビリティトレーニング

それでは、スタビリティトレーニングをやって

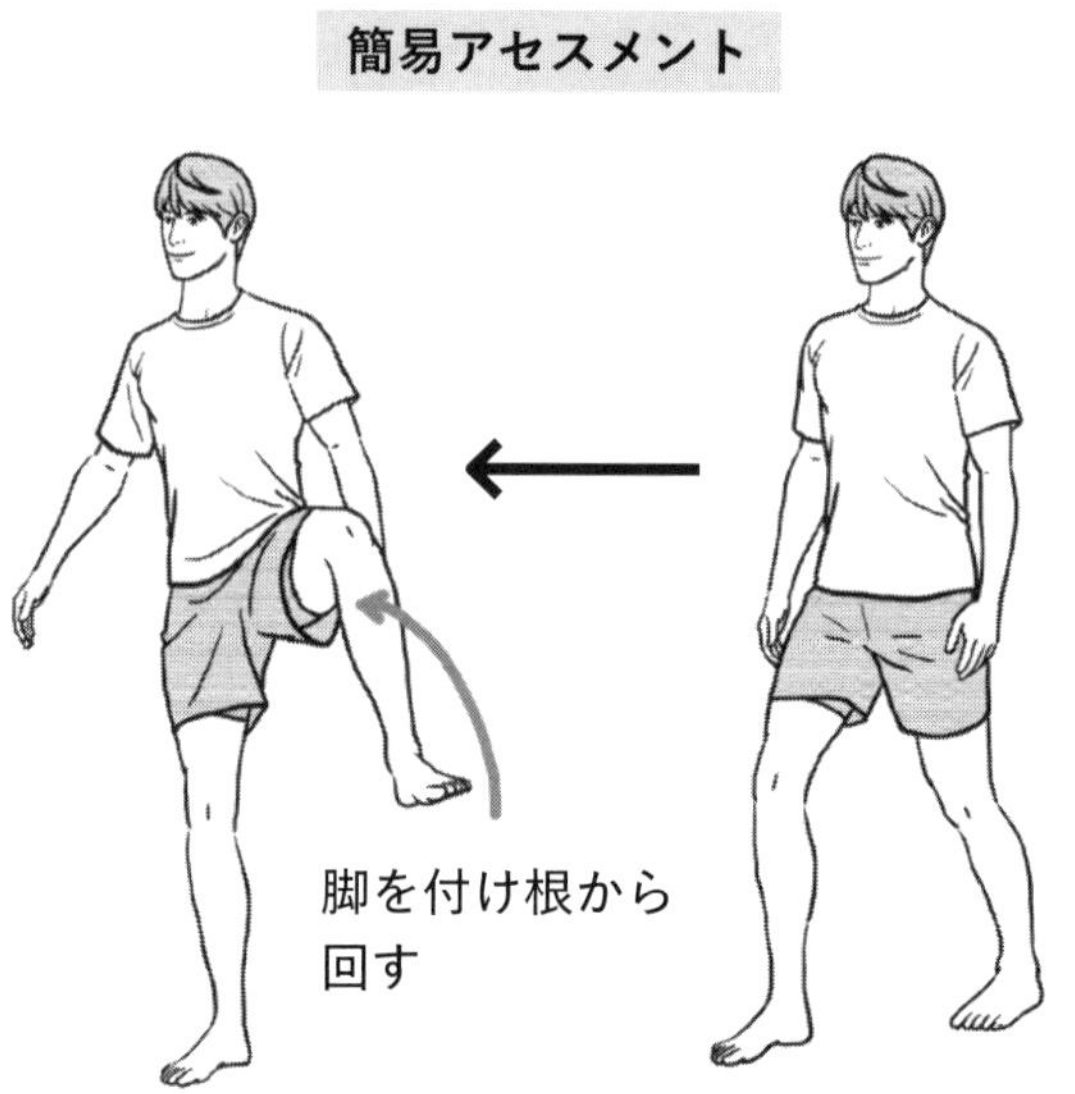

みましょう。ポイントは、体が不安定になる状況で行うということです。そのためには、まずタオルを使います。1枚のタオルを折って床に置き、その上に足をのせて立ちます。もう片方の足は、つま先立ちになります。そして、重りとして500mL～2Lのペットボトルを用意します。ペットボトルの代わりにダンベルでもいいでしょう。タオルの上に置いた足と同じ側の手でペットボトルを持ち、腕の付け根から前後に5～10回ほど揺らします。日常生活でも、このように片手で荷物を持つことはありますよね。慣れてきたら、今度はペットボトルを持ち上げて、腕を伸ばし、頭上でぐるぐると回してみましょう。そうすると、上半身がより不安定な状況をつくれます。

そして、さらに難易度を上げるには、片足をつま先立ちではなく空中に持ち上げて、完全に片脚立ちで行います。

このようにして体が不安定な状況をつくると、インナーユニットをきちんと連動させなければ、上体がフラフラしてしまいます。どうしてもうまくいかないという場合は、第3章で紹介したドローインに取り組んでインナーユニットを入れるコツをつかんでください。

スタビリティトレーニング

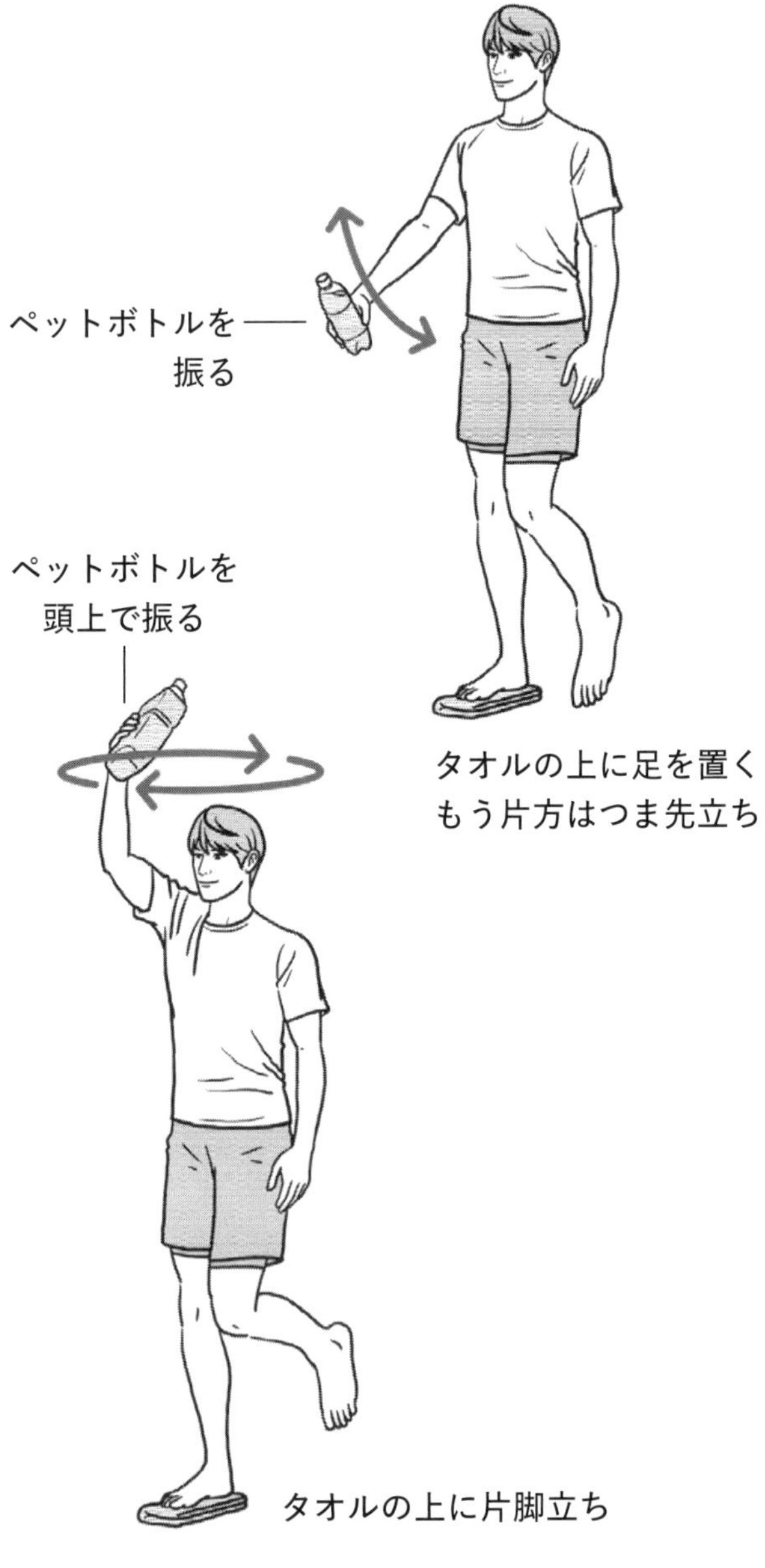

なお、重りとして使うペットボトルは、可能ならば500mLと2Lの両方を試してみることをおすすめします。なぜなら、日常生活では500gくらいの荷物を持つこともあれば、2kgくらいの荷物を持つこともあるからです。私の母は、「軽いカバンを持ち歩いているときのほうがなぜか股関節が痛い」と言っていました。日常生活やスポーツの場面に近い状況をつくるのがコツなので、場合によってはペットボトルを真横に振ったり、斜めに振ったりしてもいいでしょう。

ハーフカットを利用する

先ほどは、タオルを使って足元が不安定な状況をつくりましたが、もっとグラグラになる方法があります。スポーツジムによくある「ハーフカット」を使ってみましょう。これは、円筒形を縦に半分にした形をしていて、トレーニングやストレッチに活用するものです。平らな面を上にして床に並べ、その上に立ってみましょう。グラグラしますよね。基本的なやり方は先ほどと同じです。両脚で立ったり、片脚立ちでもやってみましょう。

スタビリティトレーニング　ハーフカット使用

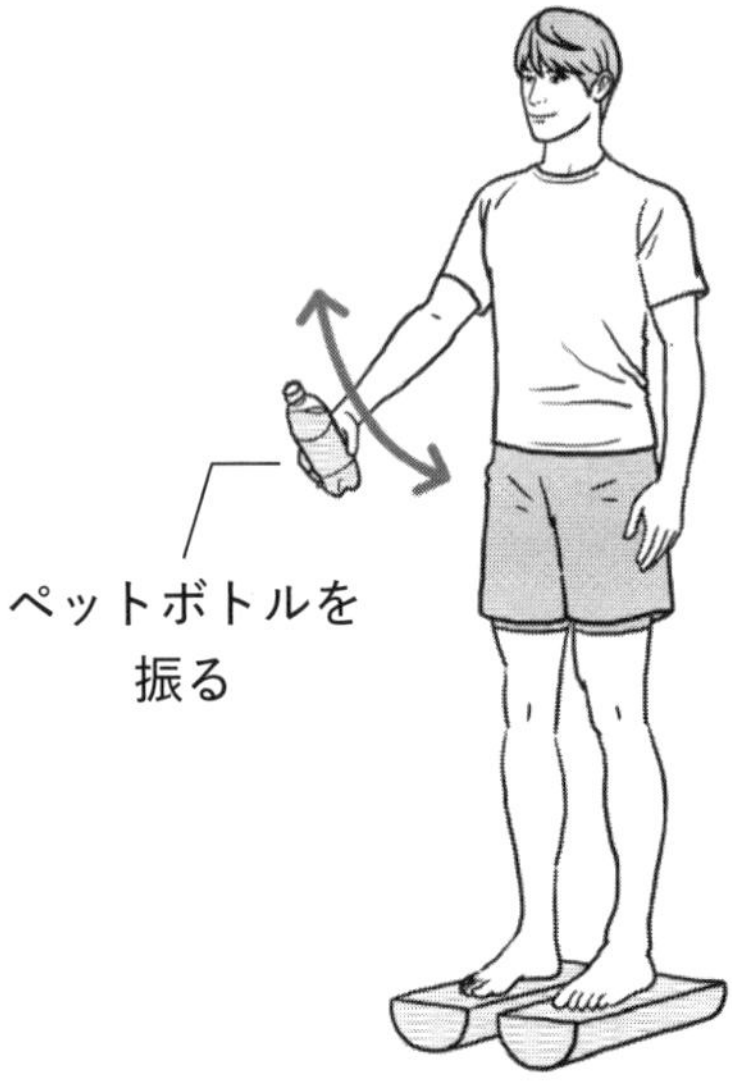

ハーフカットの上に立つ

両膝立ち

片膝立ち

続いて、両膝をハーフカットについて膝立ちしてみましょう。すると、ふくらはぎや足を使わずにバランスをとらなければならなくなるので、よりインナーユニットを活用しなければならなくなります。

さらに難易度を上げるには片方の膝はハーフカットについたままにし、もう片方は股関節を曲げて膝を前に出し、すねを床に対して90度にします。こうすると、片方の股関節に負荷が集中するので、股関節周辺の筋肉とインナーユニットをさらに連動させなければなりません。

このように、さまざまな体勢でスタビリティトレーニングを行うと、ふくらはぎや太もも、お尻などの下半身の筋肉や、上半身のインナーユニットなどが働いて、体を安定させようとしていることを実感できると思います。コツは、意識してお尻の筋肉をキュッと締めて行うことです。するとインナーユニットの一部である骨盤底筋群がグッと収縮し、内転筋と連動して働き、脚の揺れも抑えてくれるので安定性が増すのです。

脚を回して体幹を鍛える

レッグサークル

次のトレーニングも「安定させる力」を鍛えるものです。これまでと大きく違うのは、寝転んであお向けになって行うということです。

これから行う「レッグサークル」では、あお向けになり、片脚もしくは両脚を持ち上げて回します。寝転んでやるので、上半身の重さがかからないから股関節への負荷が軽いのではと思うかもしれません。しかし、今度は持ち上げた脚の重さが股関節にかかってきます。この状態で脚を回そうとしても、インナーユニットをしっかり使って安定させないと支えられません。

レッグサークルはレベル1からレベル4まであります。上の段階へ行くほど強度が高くなりますので、うまくできないなと思ったらレベルを下げてやってみてください。

確実に無理なくできるようになったら、次のレベルにステップアップです。

レッグサークル〈レベル1〉

レッグサークルのやり方は、あお向けになり、両腕は左右に斜めに広げて、手のひらを床につけます。片方の脚を天井に向かって持ち上げ、もう片方の脚は床の上に伸ばします。脚を伸ばすと腰が痛い場合は、膝を曲げて立ててもOKです。

上に持ち上げた脚を股関節からゆっくり回し、足で小さな円を描くのがレベル1です。もし股関節に少し違和感があれば、足の位置を少し下げてもいいでしょう。そうすれば、股関節への負荷が減ります。右回し、左回しをそれぞれ5〜10回程度行います。もちろん、左右逆の脚も同様に行いましょう。

このレッグサークルは、イラストで解説するとどうしてもわかりにくいかもしれません。特に、「足で小さな円を描く」といっても、どれぐらいの円なのかがわからないですよね。そのような場合は、動画を見てもらうとわかりやすいでしょう。

レッグサークルでは、動作の最中に仙骨のあたりが床にゴリゴリと当たって痛い場

レッグサークル　レベル1

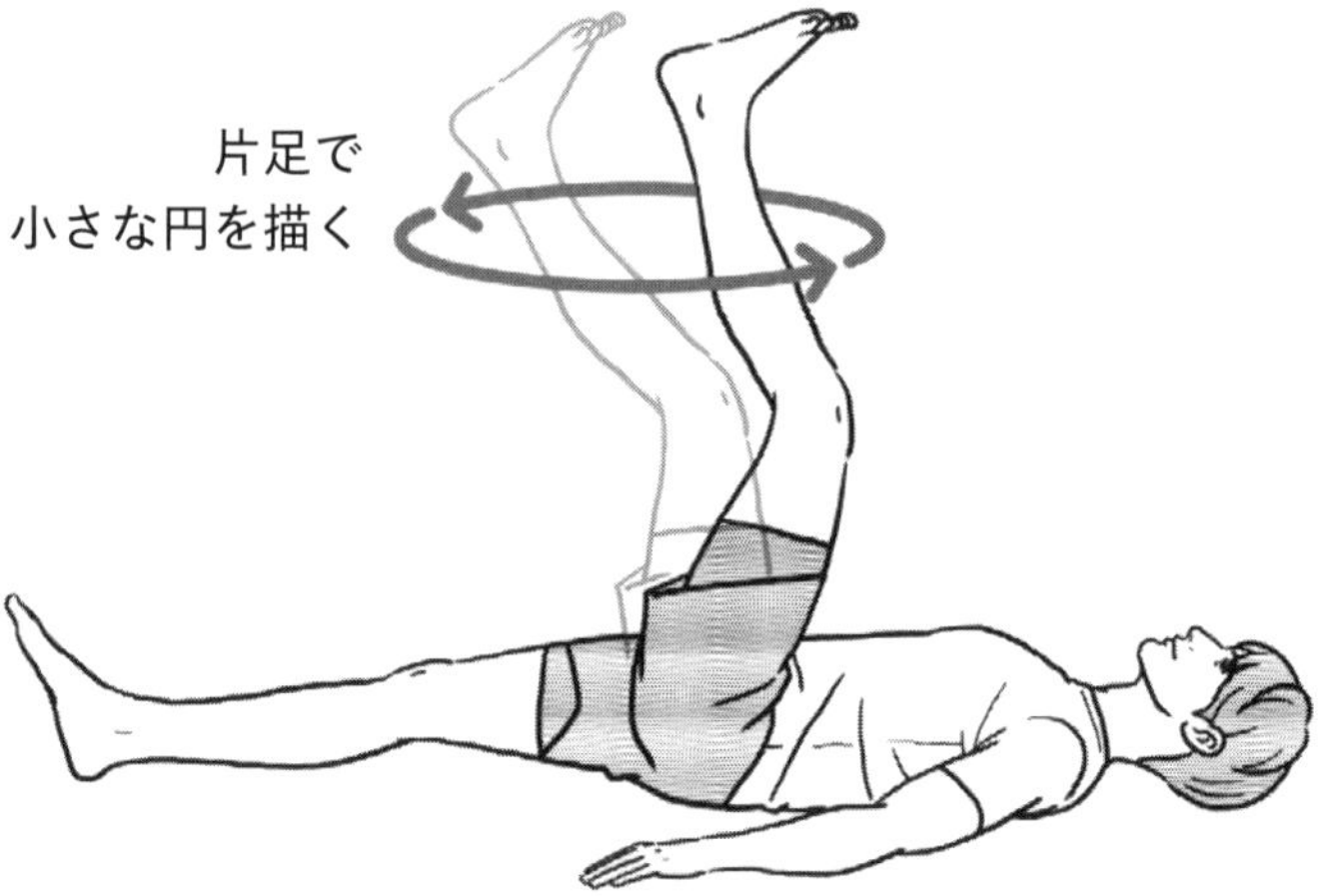
片足で
小さな円を描く

レッグサークル　レベル2

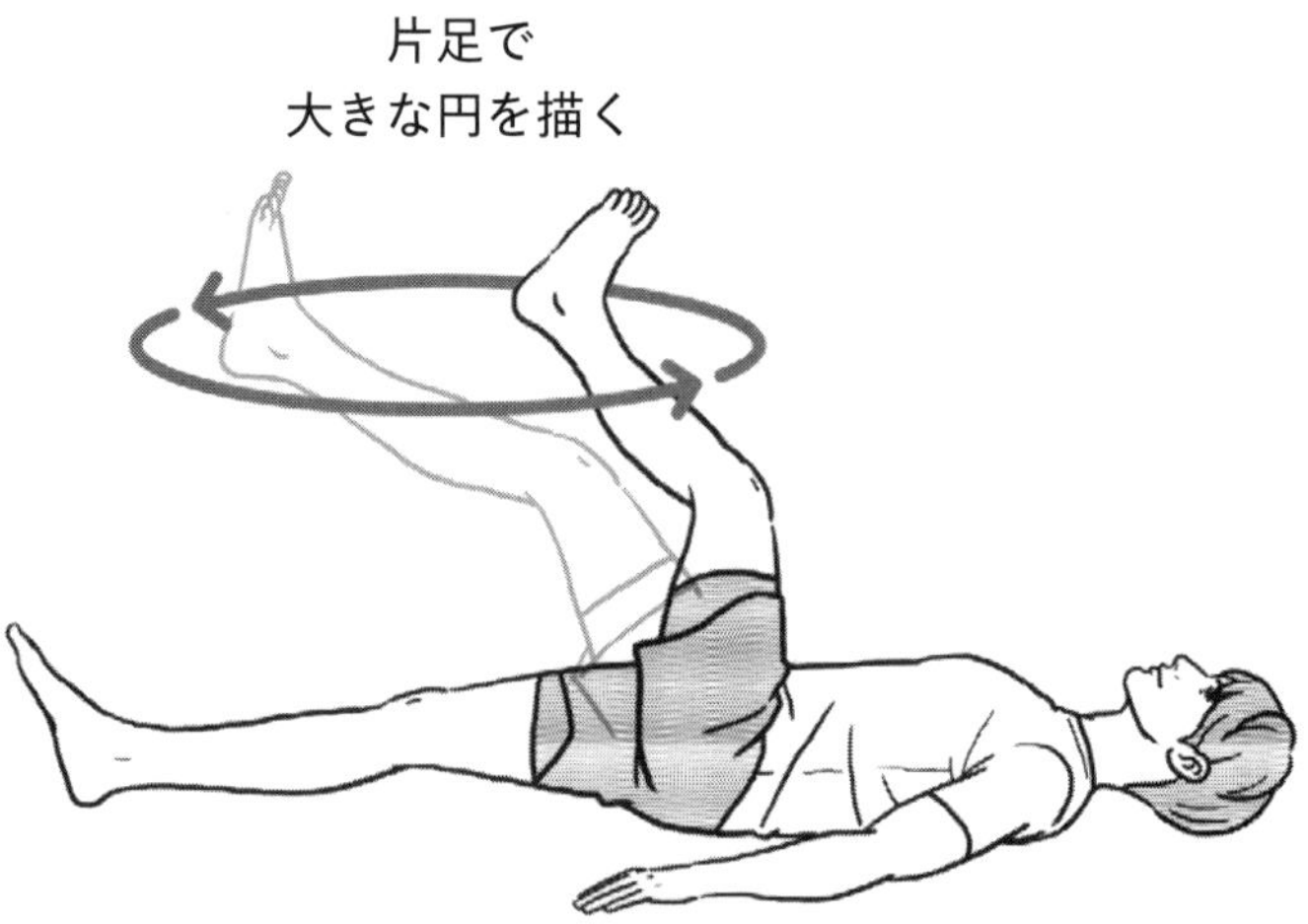
片足で
大きな円を描く

合は、マットやタオルなどを敷いて行いましょう。

レッグサークル〈レベル2〉

続いてレッグサークルのレベル2です。基本的なやり方はレベル1と同じで、足で描く円をより大きくしていきます。大きな円を描こうとするとそれだけ脚が倒れていきますが、最大で角度が45度くらいになるようにするといいでしょう。

脚を大きく動かすとそれに伴って不安定さが増してきます。そうすると、インナーユニットが入らなくなって腰が反ったり、体が横に倒れそうになったりします。おなかの力が抜けないよう意識してみてください。

このトレーニングを続けていくと、日常生活やスポーツの際にインナーユニットが自然と反応するようになります。ふらついたり転んだりということも減っていくでしょう。

レッグサークル　レベル3

足が床につきそうなくらい
大きな円を描く

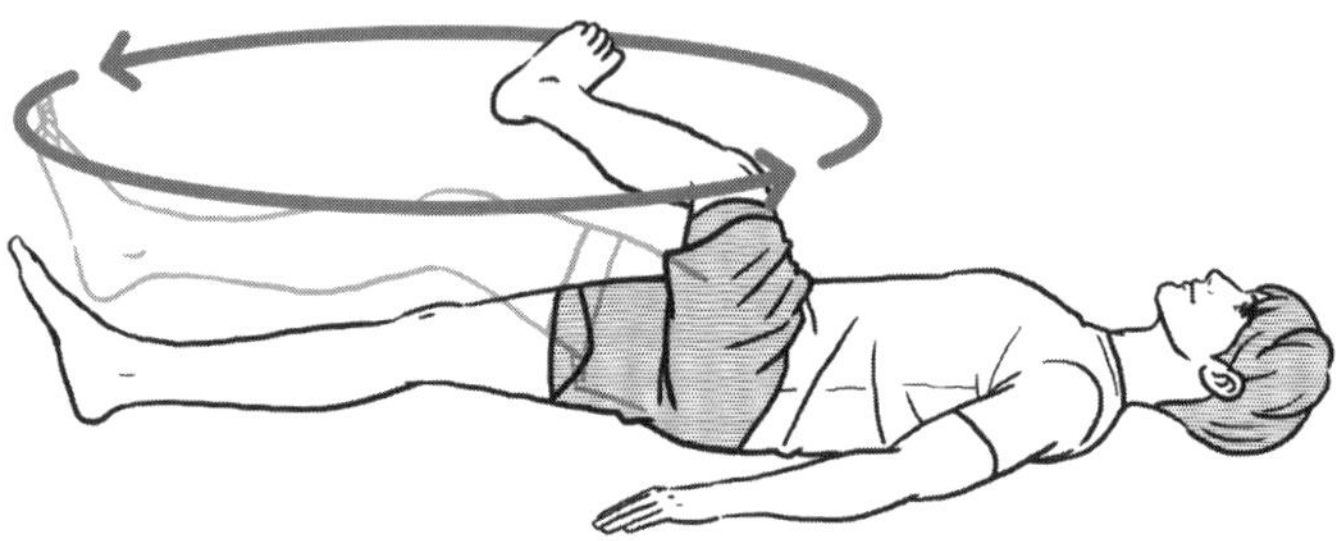

レッグサークル　レベル4

両足で円を描く

レッグサークル〈レベル3〉

次はレベル3です。この段階では、足が床すれすれの位置まで届くほど、大きく脚を回していきます。ここまで大きく足を回すと、体が横になったり肩が浮いたりしそうになりますが、それはNGです。インナーユニットを活用してしっかり支えます。動画ではNGの場面も用意したので参考にしてください。

バリエーションとしては、ペットボトルを両手で持ち、腕を伸ばして胸の上で掲げるという方法があります。こうすると、さらに体が不安定になります。

レッグサークル〈レベル4〉

最後にレベル4です。この段階では、両脚を一緒に回します。足首をクロスしてゆっくり回してみてください。両脚の重さが股関節にかかり、小さな円を描くだけでも体はかなり不安定になるでしょう。インナーユニットだけでは体が支えられなくなり、外側のアウターユニットの筋肉も使って体を支えるようになります。

以前、長距離ランナーのトレーニングとしては、片脚を回すレッグサークルを行っていました。しかし最近では、厚底シューズに対応するために、アウターユニットも鍛えなければなりません。そのため、両脚のレッグサークルを取り入れるようになりました。

ここまで、股関節を「安定させる力」を鍛えるトレーニングを紹介してきました。次はいよいよ、「動かす力」のトレーニングです。

屈曲・伸展させる力をつくる

股関節の「動かす力」のトレーニングとして、「ニースタンドアップ」と「スプリットスタンドアップ」を紹介します。「スタンドアップ」という名前がついているのは、股関節を屈曲の状態から伸展させて立ち上がる動作になるからです。

ニー
スタンドアップ

スプリット
スタンドアップ

ニースタンドアップ

まずはニースタンドアップから。日常動作のなかでは、股関節がただまっすぐに屈曲・伸展するのではなく、球関節が少し回転しながら屈曲・伸展する動作が多いので、ニースタンドアップはそのような状況で力を出すトレーニングになっています。

ニースタンドアップを行うには、床に両脚を広げて座り、片方の足のかかとは恥骨

ニースタンドアップ

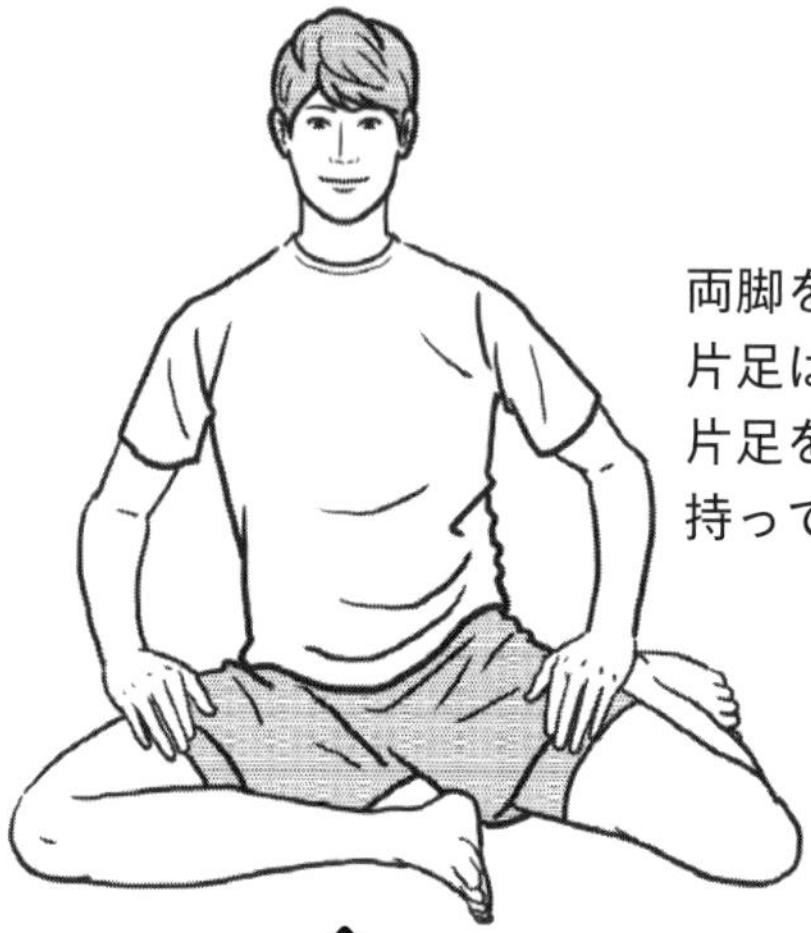

両脚を広げて座り
片足は前
片足を後ろへ
持っていく

股関節を
ゆっくりと
伸ばして
膝立ちする

の近くに置き、もう片方の足は後ろへ持っていきます。左右の膝の位置が一直線上にあるように調整しましょう。息を吐きながらゆっくりと股関節を伸ばし、膝立ちになり、息を吸いながらゆっくりと腰を下ろします。これを5〜10回繰り返しましょう。床に膝が当たって痛いので、タオルやマットなどを敷いて行うといいでしょう。

最初は、手を前に出してバランスをとりながら行います。慣れてきたら、手を後ろに持ってきてお尻に添えてやりましょう。股関節を伸ばしてお尻を持ち上げるときに、膝が右に倒れているときは右の殿筋、左に倒れているときは左の殿筋を使います。お尻に手を添えると筋肉が使われていることがわかるはずです。

そして、股関節を最後までしっかりと伸ばして膝立ちするのがポイントです。十分に伸び切らず、股関節が少し曲がったままで止まってしまう人がいるので注意しましょう。バランスがとりづらくてどうしても膝立ちができないという場合は、体の横にイスを置き、片手をそれについてサポートしながら行ってもいいでしょう。繰り返し行ううちにイスがなくても膝立ちできるようになるでしょう。動画ではNG例とイスを使うやり方についても紹介しておきます。

スプリットスタンドアップ

次はスプリットスタンドアップ。こちらは股関節をまっすぐに屈曲・伸展させるトレーニングです。

壁の横に立ち、手を壁に添え、両足を前後に大きく開き、反対側の手をお尻に添えます。後ろに引いた足はつま先立ちです。息を吸いながらゆっくりと腰を沈め、両膝ともに90度になるまで曲げます。その後、手を添えている側（壁から遠いほう）のお尻の筋肉を使うことを意識しつつ、息を吐きながら膝を伸ばして立ち上がります。10〜15回ほど繰り返しましょう。

このとき、太ももの前側の筋肉を使って立ち上がるのではなく、お尻の筋肉を使うことを意識してください。添えている手でお尻の筋肉が収縮して力を出していることを確認しましょう。もし、お尻の筋肉にあまり力が入っていない場合は、開いた足の幅が広すぎる可能性があります。少し狭めてみてください。お尻ではなく太ももの前側の筋肉に力が入りすぎている場合は、逆に足の幅が狭すぎるかもしれません。また、このトレーニングでは、足が滑ってしまうと危険なので、靴下を履いてフローリング

スプリットスタンドアップ

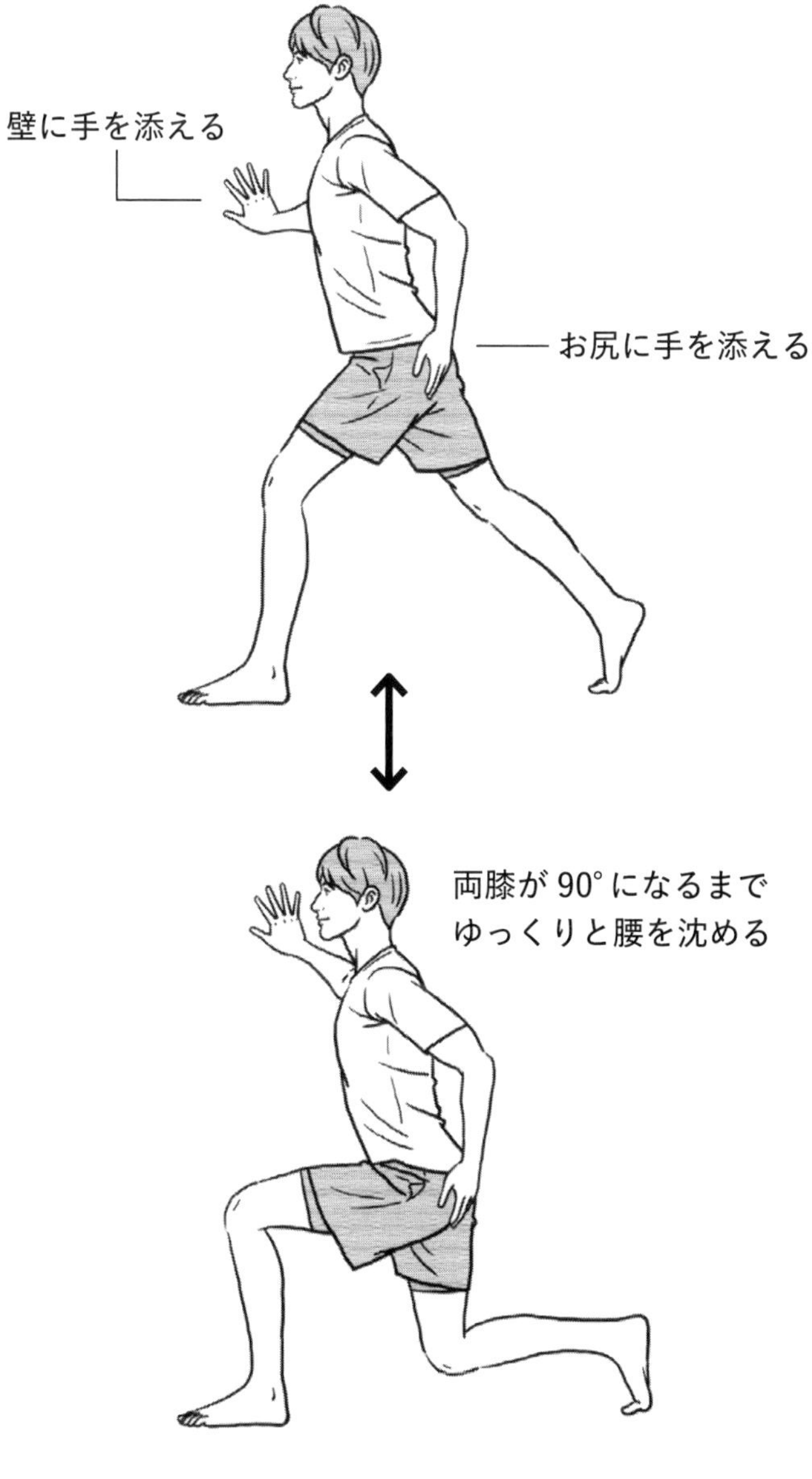
壁に手を添える
お尻に手を添える
両膝が 90° になるまで
ゆっくりと腰を沈める

の上ではやらないように注意しましょう。

慣れてきたら、壁に手を添えずにスプリットスタンドアップをやってみましょう。それが問題なくできるようになったら、今度はペットボトルを使ったバリエーションに挑戦してみましょう。ペットボトルを持った手を前後に振ったりしながら行えば、インナーユニットと股関節の動きを連動させることができるようになります。

足元が滑る状態で力を出す

スライディング
スタンドアップ

スライディング
アブダクション

この章の最後で紹介するのは、「動かす力」をつくるトレーニングである「スライディングスタンドアップ」と「スライディングアブダクション」です。

トレーニングの名前に「スライディング」という言葉が入っているのは、足を滑らせながら行うからです。そのため、タオルを折って床の上に置き、その上に足をのせて滑らせましょう。フローリングなど滑りやすい場所で行うのがいいですね。もしくは、このようなトレーニングを行うために「スライドディスク」という名前の専用の器具があります。こちらを利用するのもいいです。

スライディングスタンドアップ

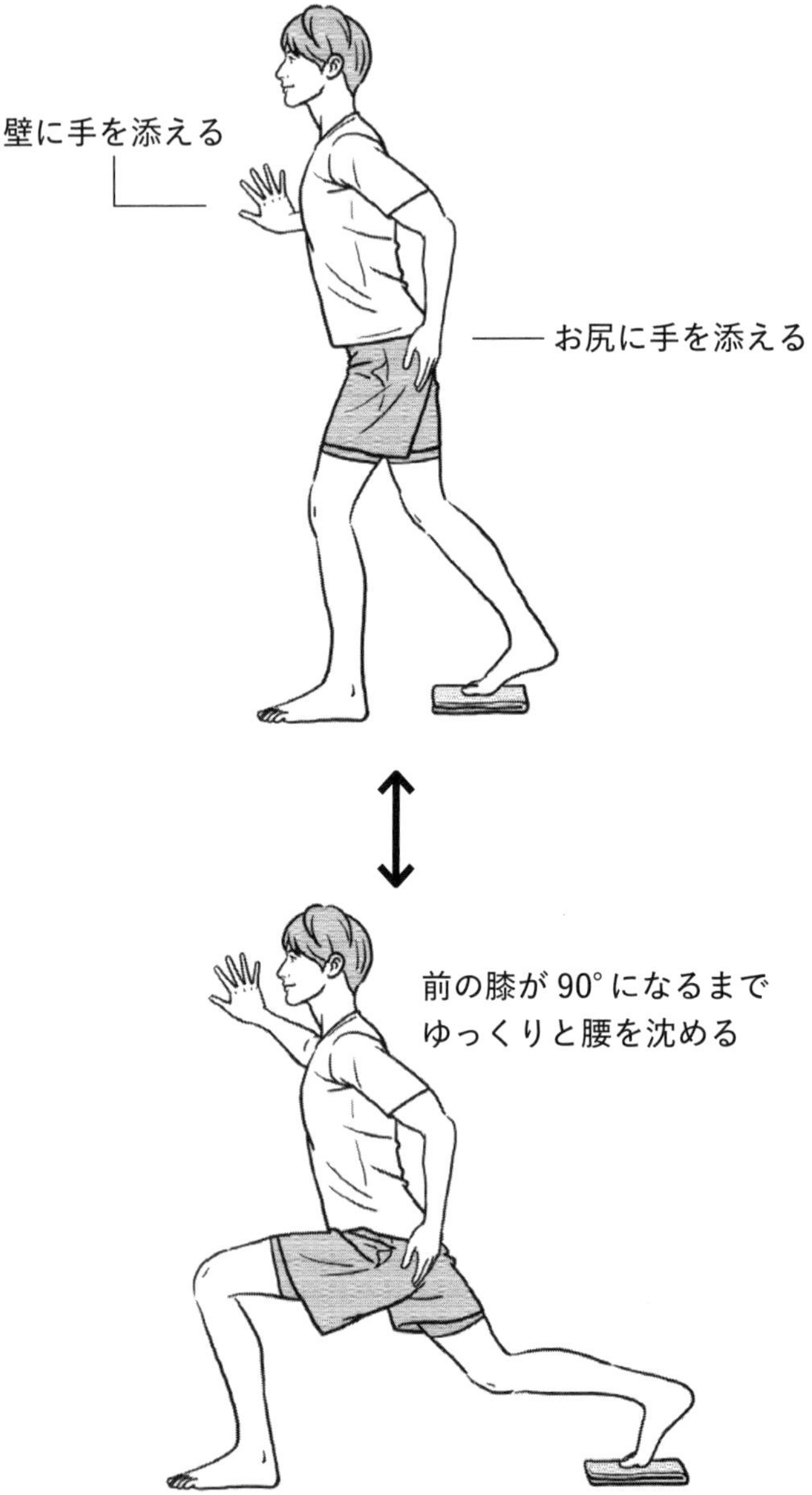
壁に手を添える
お尻に手を添える
前の膝が 90° になるまで
ゆっくりと腰を沈める

スライディングスタンドアップ

スライディングスタンドアップのやり方は、壁の横に立ち、手を壁に添え、壁に近いほうの足の下にタオルを敷き、遠いほうのお尻に手を添えます。息を吸いながらタオルと一緒に足を後に滑らせていき、前の膝が90度に曲がるまで、ゆっくりと腰を沈めます。その後、手を添えたお尻の筋肉を使いつつ、息を吐きながら、タオルと一緒に足を引き寄せ、膝を伸ばして立ち上がります。このとき、太ももの筋肉ばかりに力が入らないように注意しましょう。10〜15回程度繰り返します。

このトレーニングでは、片方の足元が不安定になる状況で、何とか安定させようとしながら屈曲・伸展のために力を発揮する方法を体に覚えさせます。腰をいきなり深く沈めず、だんだんスライドする幅を広げていってもいいでしょう。

慣れてきたら、壁に手を添えずに行えるようにしましょう。さらに、ペットボトルを手に持ったバリエーションにも挑戦してみてください。

スライディングアブダクション

続いて、スライディングアブダクションです。今度は足を横にスライドさせていきます。足を骨盤くらいの幅に開いて立ちます。片足の下に折りたたんだタオルを敷き、両手は自然に下ろします。息を吸いながら、足とタオルを一緒に真横に滑らせていき、ゆっくりとできるだけ腰を沈めます。息を吐きながら膝を伸ばして立ち上がり、足とタオルを一緒に体のほうへ引き寄せ、軸足よりも後ろに持っていきます。再び腰を沈めながら真横に足とタオルをスライドさせ、立ち上がるときに今度は軸足よりも前に持っていきます。このように、後ろと前を交互に行い、10～15回程度繰り返します。

ポイントは、滑らせていないほうのお尻の筋肉を意識して使うことです。太ももの前側の筋肉ばかりを使わないようにしましょう。

股関節の機能不全がある人にとって、スライディングアブダクションはかなり難しい動きになります。最初は、壁に手を添えながら、沈み込みを浅くして行ってもいいでしょう。

スライディングアブダクション

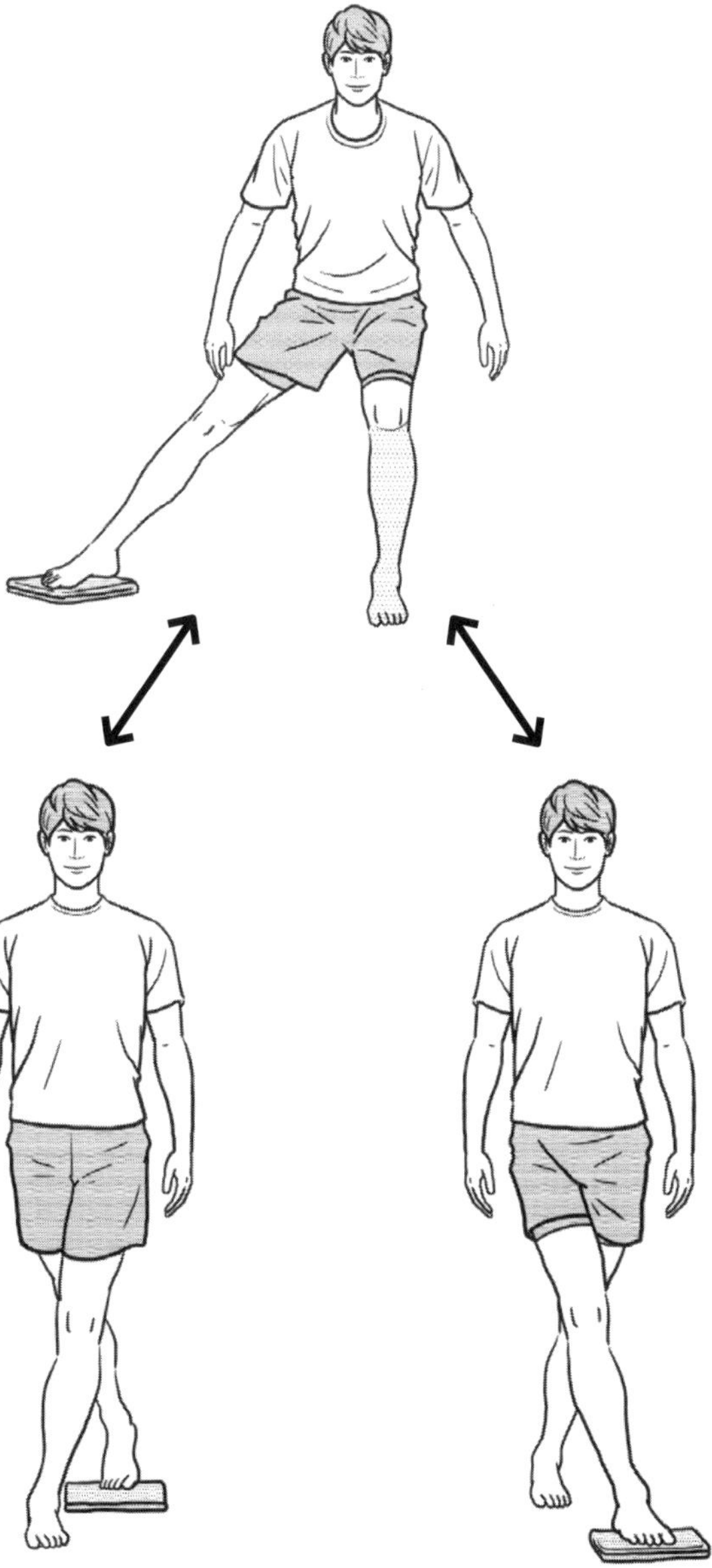

もし問題なく行えるようになったら、ペットボトルを使うバリエーションにも挑戦してみてください。

自分で自分の体をよくしていく

以上で本書で紹介するトレーニングは終了です。

ここまで、股関節のバランスを整え、可動域を適正にし、安定させる力と動かす力を鍛えるという3段階で股関節の状態を改善する方法を紹介してきました。

大切なことは、トレーニングをやる前後にアセスメントを行い、どれぐらい改善できたかを確認することです。ダイエットしているときに体重計に乗って体重が減っていることが確認できたらうれしいですよね。それと同じで、アセスメントによって股関節の状態が改善していることがわかれば、やる気がわいてきます。

股関節がよくなってくると、階段の上り下りのときや、ふと小走りをしたときなどにも、体がスムーズに動くことが実感できると思います。それを楽しみに、取り組んでいってください。アスリートなら、これまでよりも体が軽快に動き、徐々にパフォーマンスが発揮できるようになるはず。ぜひ、自分で自分の体をよくしていくという体験を味わっていただけたらうれしいです。

おわりに

私がトレーナーになってから30年以上が経ちました。これまでに指導した選手たちがオリンピックでメダルを取ったことも、箱根駅伝で優勝したこともあります。それと同じくらいうれしいのが、80歳、90歳になっても「運動で体が元気になった」と言ってくれる方がいることです。

アスリートでも高齢者でも、体に何らかの問題を抱えている人に対し、それを解決する運動を「処方」するのが私たちの仕事です。私はこの仕事に、やりがいと誇りを感じています。

そして、トレーナーの仕事では、その人がどのような問題を抱えているのかを見抜き、どのような運動をするといいのかを考える、というプロセスがあります。本書は、これまであまり一般向けには語られてこなかったそのプロセスについて、かなりのページ数を割いて解説しているのが特徴だといえるでしょう。

運動によって自分の体をより元気にするためには、今、自分の体がどういう状態にあるのかを知る必要があります。自分の体について理解を深めることは、その後の人生において大きな財産になると私は考えています。

例えば、第1章では大殿筋の上部と下部には異なる役割があり、人によって上部と下部の筋肉の付き方に差がある、という話をしました。ご自身のお尻の筋肉の付き方を意識したことがありますでしょうか。また、第3章では、靴底のすり減り方と姿勢の関係について解説しました。姿勢によっては股関節に負荷がかかる場所が異なり、その違いは長い年月をかけて骨や筋肉などの組織に影響を与えます。

こうした知識を深め、ご自身の人生に生かしていってくだされば、著者としてこんなにうれしいことはありません。

さて、私は股関節の素晴らしさ、すごさに魅了されたトレーナーの1人として、これまで培ってきた股関節にまつわる知見を可能な限りすべてこの本に書き記そうと思って執筆をしてきました。果たして、書きたいと考えていた内容がどれくらい本に書けたかというと……残念ながら3割ほどでしょうか（笑）。

「さすがにこの内容はマニアックで難しすぎる」「この運動で解決できなかったらこっちをやってほしい」「ここを正しく理解してもらうには違う観点の話を入れないと」……などと思いながら、ページ数を守るために泣く泣く削った話がたくさんあります。

もしこういった話を聞いてみたいというもの好きな方がいらっしゃったら、いつかお伝えする機会があればうれしいです。

中野ジェームズ修一

【参考文献】

林典雄 浅野昭裕 監修、熊谷匡晃 著
『股関節拘縮の評価と運動療法』
運動と医学の出版社　２０２０年

Ｃ・Ｗ・トンプソン Ｒ・Ｔ・フロイド 著、中村千秋 竹内真希 訳
『身体運動の機能解剖 改訂版』
医道の日本社　２００２年

Ａ・Ｉ・カパンジー 著、塩田悦仁 訳
『カパンジー機能解剖学Ⅱ 下肢 原著第7版』
医歯薬出版　２０１９年

中野ジェームズ修一 著
『世界一効く体幹トレーニング』
サンマーク出版　２０１９年

クリストファー・Ｍ・ノリス 著、山本利春 監訳、吉永孝徳 日暮清 訳
『柔軟性トレーニング　その理論と実践』
大修館書店　１９９９年

■ 著者略歴

中野ジェームズ修一

（なかの・ジェームズ・しゅういち）

米国スポーツ医学会認定運動生理学士
スポーツモチベーション 最高技術責任者
フィジカルトレーナー協会（PTI）代表理事

フィジカルを強化することで競技力向上やけが予防、ロコモ・生活習慣病対策などを実現する「フィジカルトレーナー」の第一人者。多くのアスリートから支持を得て、2014年からは青山学院大学駅伝チームのフィジカル強化指導も担当。早くからモチベーションの大切さに着目し、日本では数少ないメンタルとフィジカルの両面を指導できるトレーナーとしても活躍。東京・神楽坂の会員制パーソナルトレーニング施設「CLUB 100」の技術責任者を務める。『医師に「運動しなさい」と言われたら最初に読む本』（日経BP）などベストセラー多数。

■ イラスト：内山弘隆
■ カバーの股関節画像：polina lina/Shutterstock.com
■ 校　　正：円水社
■ 動　　画：鈴木愛子
■ 編集協力：長島恭子

すごい股関節

柔らかさ・なめらかさ・動かしやすさをつくる

2024年10月21日　第1版第1刷発行
2024年12月12日　第1版第6刷発行

著　者　　中野ジェームズ修一
発行者　　松井 健
発　行　　株式会社日経BP
発　売　　株式会社日経BPマーケティング
〒105-8308　東京都港区虎ノ門4-3-12
装　丁　　井上新八
編　集　　竹内靖朗
DTP　　isshiki
印刷・製本　大日本印刷株式会社

ISBN 978-4-296-20571-4

本書籍に関するお問い合わせ、ご連絡は下記にて承ります。
https://nkbp.jp/booksQA

日経Goodayの本

医師に「運動しなさい」と言われたら最初に読む本

中野ジェームズ修一（著） 田畑尚吾＋伊藤恵梨（監修）

日経ビジネス人文庫　定価：本体800円＋税

ISBN 978-4-532-19992-0

10万部超ベストセラーの増補文庫版！　健康診断で黄色信号が点灯して、医師から「運動しましょう」と言われても、すぐに行動に移せる人はあまりいない。運動する時間がとれない、何をやればいいのかわからない、そもそも、あまり運動が好きではない……そんな悩みを持つ人に、日本を代表するフィジカルトレーナーである著者が、医学的に正しい、効率よく健康になれる運動法を教える。

https://bookplus.nikkei.com/

日経Goodayの本

健康診断の結果が悪い人が絶対にやってはいけないこと

野口 緑(著)

四六版・並製　定価:本体1500円+税

ISBN 978-4-296-20309-3

著者「羽鳥慎一モーニングショー」出演で話題!　俳優・南果歩さん推薦!　血圧・血糖・中性脂肪・コレステロール・γ-GTP……これらの結果を1つ1つ見て一喜一憂していませんか?　健診データは項目ごとにバラバラに見るのではなく、そこから自分の「血管の状態」を知ることが大切。症状がないからと放っておくのではなく、20年後の健康のためにも、今から始めよう。

https://bookplus.nikkei.com/